U0582256

心态至上
点燃成功的关键原则

[美] 托德·德金（Todd Durkin） 著

黄静波 译

中国科学技术出版社
·北 京·

Get Your Mind Right: 10 Keys to Unlock Your Potential and Ignite Your Success by Todd Durkin/ISBN：9780801094941

Copyright©2020 by Todd Durkin

All rights reserved.

The simplified Chinese translation rights arranged through Rightol Media

本书中文简体版权经由锐拓传媒取得　Email:copyright@rightol.com

北京市版权局著作权合同登记 图字：01-2020-4994

图书在版编目（CIP）数据

心态至上：点燃成功的关键原则 /（美）托德·德金著；黄静波译. —北京：中国科学技术出版社，2020.12

书名原文：Get Your Mind Right: 10 Keys to Unlock Your Potential and Ignite Your Success

ISBN 978-7-5046-8806-4

Ⅰ . ①心… Ⅱ . ①托… ②黄… Ⅲ . ①成功心理－通俗读物 Ⅳ . ① B848.4-49

中国版本图书馆 CIP 数据核字（2021）第 044812 号

策划编辑	申永刚　耿颖思	版式设计	锋尚设计
责任编辑	申永刚　陈　洁	责任校对	吕传新
封面设计	马筱琨	责任印制	李晓霖

出　　版	中国科学技术出版社
发　　行	中国科学技术出版社有限公司发行部
地　　址	北京市海淀区中关村南大街 16 号
邮　　编	100081
发行电话	010-62173865
传　　真	010-62173081
网　　址	http://www.cspbooks.com.cn

开　　本	880mm×1230mm　1/32
字　　数	170 千字
印　　张	7.5
版　　次	2020 年 12 月第 1 版
印　　次	2020 年 12 月第 1 次印刷
印　　刷	北京盛通印刷股份有限公司
书　　号	ISBN 978-7-5046-8806-4 / B·68
定　　价	59.00 元

（凡购买本社图书，如有缺页、倒页、脱页者，本社发行部负责调换）

致我的妻子梅兰妮

还有我们的孩子们，卢克、布雷迪和麦肯纳

对不起，我把你们吵醒了，

几乎每天早上，我都在大喊大叫，

还在家里的健身房一展歌喉。

我这样做，只是想要调整好心态！

总有一天你们会怀念的……但你们会永远记得我。

前言
FOREWORD

德鲁·布里斯　新奥尔良圣徒队四分卫

2001年NFL（美国职业橄榄球大联盟）选秀第二轮被圣地亚哥闪电队选中的那一天，我永生难忘。回想选秀前做的所有准备工作——选秀大会、体能训练以及多支NFL球队的面试，我既焦虑又兴奋，很想看看自己的NFL生涯能从哪里开始。

人们预测我在首轮选秀就会被选上，当时有六七支球队想选我。闪电队是其中之一，但不幸的是，我知道他们不会在首轮选我。

NFL的选秀方式是这样的：NFL会计算一支球队前一年的总战绩，然后把所有的球队按照从最差到最好的顺序排列。所以，如果你前一年的战绩最差，你就先选；如果是冠军，你就最后选。2001年有31支球队，所以第一轮有31个名额。这也是各队在第二轮、第三轮的选择顺序，以此类推。

那一年，闪电队拥有首轮5号签。其实，考虑到2000赛季的战绩为1胜15负，闪电队实际上拥有状元签，但他们把状元签换成了5号签。闪电队的这一决定非常明智。这样他们能用额外的选秀权和通过交易换取的关键位置球员来构建自己的阵容，同时也能在首轮选到他们最想要的人：拉达尼安·汤姆林森，一个来自德州基督教大学的知名跑卫。

在选秀前的几个月里，有很多球队要求与我单独训练和会面。他们想借此机会深入了解一下选秀球员。这是他们投资前的尽职调查。圣地亚哥闪电队就是这些球队中的一支。我还给其他五六支球队提供了同样的单独相处机会，他们都说要在第一轮中后顺位选我。我跟圣地亚哥闪电队的主教练迈克·莱利、进攻协调员诺夫·特纳和球队总经理约翰·巴特勒的相处经历给我留下了最好的印象。

不幸的是，我知道他们不会用首轮5号签选我。他们会用第二轮的1号签来选出下一个队员，到那时我肯定会被选到另一支球队里。我当时是这么想的。

2001年4月21日，选秀日。我和我的未婚妻布列塔尼以及弟弟里德坐在自己的公寓里，兴奋之情油然而生。我做梦也未想过自己会被选进NFL。这一切都显得很不真实。但会是哪支球队青睐我呢？

堪萨斯城酋长队、杰克逊维尔美洲虎队、迈阿密海豚队、巴尔的摩乌鸦队……这些都是有可能选我的球队。但最终哪支队会真正选我呢？我当时确信自己在首轮就会被选上。这简直就是美梦成真。

每支球队都有15分钟的时间来做出首轮选秀的决定，这让整个过程变得非常漫长。我记得自己在公寓里走来走去，在烤架上做食物，和狗玩，与布列塔尼和里德一起开怀大笑。我做这些只是想缓解自己的紧张情绪。

第一轮选了一个又一个……每当我提到的那些球队中的一个要选择时，我都会站在电话旁等待。但电话铃一直没响。第一轮接近尾声时，我心里只剩下悲伤和失望。那么多球队、球探和教练告诉我，如果我在第一轮还没被别的队选走，他们就一定选我！

怎么回事？发生了什么变化？

然后电话响了……我看着电视，意识到接下来是哪支球队。NFL总裁保罗·塔利亚布走到讲台前。

"圣地亚哥闪电队在NFL第二轮选秀中首先选择的是……来自普渡大学的四分卫德鲁·布里斯。"

我的失望之情一扫而空，取而代之的是一阵狂喜。我不知道这是怎么发生的，但别管第一轮的结果了——这才是我真正想去的地方。这是我注定要去的地方。尽管我不知道这将对我的生活和事业产生什么样的影响。

在写这篇文章的时候，我正在NFL打第十九个赛季。真的吧？真是太幸运了。我做梦都没想过这能发生在自己身上。我在这其中经历了很多曲折，取得了巨大成就，也经历了痛苦的失望，逆境和牺牲。所以，当我回顾自己的NFL生涯，有很多东西让我感激不尽，但没有什么比我和托德·德金的关系更重要。

托德一直陪伴我走过每一步……从我在2004年重新赢得四分卫的首发位置，到克服威胁职业生涯的伤病和失望的情绪，再到取得橄榄球领域一些最伟大的成就。如果没有托德·德金，我不可能获得成功，不可能有这么长的职业生涯，也不可能享受打球的乐趣。

我第一次见到托德是在2002赛季。他当时在比赛结束后为闪电队做按摩治疗和身体护理，我立刻对他产生了好感。特别是因为他以前是四分卫，所以知道我需要什么。我看得出来他对自己做的事情充满了激情。

2004年年初，闪电队的跑卫拉达尼安·汤姆林森在休赛期接受托德的训练，他把我带到健身场馆那里，向我展示了托德的功能性健身训练法。

拉达尼安·汤姆林森已经确立了其作为联盟最好跑卫之一的地位，他认为与托德的合作是他成功的重要因素。2003年，我刚刚结束了职业生涯中最糟糕的一个赛季，当时我们球队的战绩是4胜12负，而且在此过程中我还被三次降成替补球员。

我不断寻找一切可行之法来成为最好的球员和球队领袖。我曾被告知，闪电队将引进另一名四分卫来顶替我。我不会让这种事情发生，但我需要帮助。我需要有人帮我一把，这个人能让我发挥出最佳水平，帮我重拾信心，并让我的训练和准备水平更上一层楼。事实证明，托德就是那个人。

刚开始训练，我就发现托德·德金并没有遵循传统的举重和跑步训练法。他让我做的每一件事都是激烈而且快节奏的，同时代表最前沿的训练方法。我们做的每件事都有目的。每一项练习、每一个动作、每一次重复……从动态的热身到大量高强度的超级组合，再到我们在每一次训练中压轴的比赛项目。

当我说"训练"，我的意思是我们确实"练到飞起来了"！我可以感觉到自己在经受磨练，信心也随着每节课的进行而增长。每天开车去他的训练场地，我知道自己得调整好心态承受即将到来的一切。但我也知道，这是一条通往伟大的道路，没有捷径可走。

虽然托德的目标是让我全身上下都达到人生的最佳形态，但他也采取了完善的举措，确保能了解我的心理、情感和精神健康情况。他总是分享励志名言、段落和《圣经》中的经文，让我能摆正心态，正确地看待自己面临的挑战。

我一直觉得托德真的关心我这个人和我在生活各方面的表现。他的坚持不懈、真诚、旺盛的精力、卓越的领导力和高尚的品格都很有感染力。每次我们在一起的时候，他都全情投入，这一点确实让我有些难以置信。我从来没遇到过任何一个人，在训练方法上如此一致，对所从事的职业如此热情，并如此想要改变和影响人们的生活。

就像我说的，我已经在NFL打了19年球了。其中有17年是和托德·德金一起度过的，他已经成为我成功的关键因素之一。他的友情和指导对我的重大意义很难用语言来表达。不可否认的是，他帮我一直维持在巅峰状态，不断帮我调整心智和情绪状态，让我年复一年地保持谦逊，动力满满，高水平的状态一直都在。

无论是他发过来的那些在家庭健身房晨练时录制的"心态至上"视频，还是在我人生低谷时发给我的鼓励短信，抑或是从他那里学到的关于人生意义远超橄榄球本身的实用智慧，这些都让我受益匪浅。能称托德·德金为我的挚友、导师和教练，我很幸运也很荣幸。

我鼓励你听从他的建议，并遵从他分享的所有见解。因为他对我生命中最重要的领域产生了深远的影响。

我可以向你保证……托德·德金和他的书也会让你摆正心态！

目录
CONTENTS

第一节
计划和开球
Quarter 1

准备是取得成功的关键，若想成功，那么"摆正心态"就是每天的必做之事。本书描述的原则将帮你挖掘心底的激情，找到最神圣的人生目标，由此便能影响这个世界，让她变得更美好。

全情投入，准备大干一场吧。游戏时间到了，宝贝儿!

导言
INTRODUCTION

心态至上。

这句话我说了十几年了，从早上起床到晚上睡觉把头靠在枕头上的那一刻为止，在此期间我做的所有事情都离不开这四个字。

给你讲讲我早上喜欢怎么起床吧。

我不需要把闹钟定到凌晨5点。

我想这是因为我生来如此，或者身体习惯了，但我一直想赶在太阳升起之前起床。我有很多事情要做，不想白白浪费光阴。

我会花前半个小时不急不缓地让头脑进入状态。我会祈祷，读《圣经》，写日记。读点儿《圣经》是我最喜欢的开启一天的方式，也是我知道的摆正心态的最好办法。

我会在日记里写满各种目标、梦想和疯狂的点子——想到什么就写什么。我也会为自己撰写演讲稿。我每年要为相当多的听众演讲四五十次，所以需要不断改稿。我喜欢先做好准备，然后再站在人群面前。如果你见过我在公开场合的演讲，就会知道我总是全情投入地来分享自己心中的激情。

我把黎明前这段用来自省的时间称为我的"静心时分"。接下来，我就准备开始早上的锻炼了。我在美国加州圣地亚哥拥有一家名为Fitness Quest 10[①]的健身场馆，它曾5次被《男士健康》杂志评为美国"十佳健身房"之一。我很自豪地看到，自己20年前建立的"圣地"如今依然欣欣向荣。

由于在Fitness Quest 10时需要专注于训练指导业务，我更喜欢在家里的健身房里做个人健身。说是健身房，其实这就是个改装了的车库。我的健身房里有蹲架、哑铃、壶铃、举重练习凳、椭圆机和橡胶健身地板。我把它叫作我的"能量基地"——在这里我给身体、思想和精神补充燃料。

事实上，我已经习惯了在早餐前出出汗。如果一天开始的时候不出身汗，不来点儿内啡肽所带来的快感让我爽爽，那我还真不知道这一天该怎么过。它的效果就像魔法一样神奇。

但2018年11月6日星期二，是个不同寻常的早晨。我还是像往常一样在凌晨5点准时醒来，但那天接近中午的时候，我会接受一个可怕的膝关节大手术——部分膝关节置换术。

9年来，我的右膝一直不好。骨头直接磨着骨头，关节炎，骨刺。过去3年的情况一直非常糟糕，我需要每隔90天就去看一下医生，通过注射可的松来缓解疼痛。而在过去的3个月里，我一直拄着拐杖四处走动，因为疼痛和炎症已经非常严重。

生活已经变成了人间地狱。我的身体几乎不能做大多数人认为

---

① 美国十大健身房之一。——译者注

理所当然的动作——走过一个房间，站起来握手，或先坐下来再从椅子上站起来。作为一个四十多岁的职业健身教练，我要在全国各地宣讲健康的重要性，帮助别人摆正心态。如果没法正常走路，那问题可就太大了。

但所有这一切都将改变。上午11：30，我被安排做单髁（或部分）膝关节置换手术。医生还会清理我膝盖上的大面积关节炎，并去除已经钙化的骨刺。虽然这很可怕，但我知道是时候修一修自己的膝盖了。

医生向我解释了手术流程，他会在我的膝盖上开一个3~5英寸①的切口，查看整个膝关节，然后置换受损的骨头和组织。当医生做完手术后，他会将一个由钛、钴和高级塑料制成的部件插入膝关节，并用骨水泥连接，然后再用针线缝合，我的新仿生膝盖就完成了。

过去的3年里，我一直在训练我的身体，这让我十分受益。与其什么都不做，觉得像个废物一样，我需要克服疼痛这一点很重要。我尽力让身体保持强壮。

那天早上，我在车库里锻炼上身时，想到经年累月的摧残已经让右膝内侧部分的软骨磨损殆尽，导致了痛苦的关节炎。我已经和受损的膝盖打了十年交道，但最近几个月却异常难受和痛苦。我不能再这样生活下去了。

我知道在自己的职业生涯中做这个手术看起来挺讽刺的。除了

---

① 1英寸约为2.54厘米。——译者注

训练周末勇士①和NFL运动员之外，我还是一个励志演讲者、播客主播和两本书的作者，也是2016年NBC真人秀节目《增强训练》中的明星。在节目中，10名来自不同背景的女性与国内最厉害的男性教练配对。《增强训练》仍在奈飞②上播出。

而现在我却患上了十分严重的伤病。我相信，拄着一对拐杖或绑着护膝艰难地走到会议室讲台前做演讲时，演讲的效果肯定是差强人意的。我讨厌为自己虚弱的身体找借口，因为听众都渴望听听我在让身心发生转变方面有什么想法。

但你知道吗？如果我想顺利通过这次手术，就必须践行自己说的话。我必须摆正心态。这就是我在2018年11月6日手术前几周所做的事情：我自己做了一个决定，要欣然接受这个手术。我将成为它的主宰。

那天早上，在我的妻子梅兰妮开车送我去医院之前，我还需要做件事。我需要确保约瑟夫·扬凯维奇——我的外科医生，也摆正了心态。

在清晨锻炼结束时，我打开苹果手机。大多数时候，我都会忍住打开智能手机的冲动——一打开手机，我可能就会把时间消磨在查看各种信息、Instagram的私信、脸书的帖子和电子邮件上。直到洗了澡，吃了早餐我才看手机。但那天早上，给扬凯维奇医生发信息是当务之急。我希望他能在手术室里展现他高超的医术。我

---

① 周末勇士是指只在周六、周日锻炼的人。——译者注
② 奈飞是美国的一家提供网络视频点播的公司。——译者注

希望他能表现得像个最有价值的球员（MVP）。

我点开视频软件，盘算着要说点什么。我习惯于在NFL赛季时这样做，开赛日当天，我会分享一两个励志的视频小故事，然后把视频群发给由我训练的NFL球员们。今天，只有一个人会收到我的视频。

我穿着灰色运动裤和一件灰色连帽衫——我在锻炼的时候，绝大多数情况就会穿成这样。我右手拿着手机，做了一下准备。然后，伸出手臂，按下红色的录制按钮，开始展现自己的激情。

哟—嚯！扬凯维奇医生！对，你知道我是谁！天还黑着呢，宝贝儿。该醒醒啦！今天是开赛日！这是超级碗，宝贝！希望今天你的手感棒棒的。希望你能发挥出巅峰水平。我现在就摆正心态。我穿了我的灰色连帽衫。嘿，兄弟，今天我们要选最有价值的球员！

谢谢你做的一切，每天都在做出改变，不仅仅是为了我，还为了你今天的整个阵容。我为你祈祷，为所有人祈祷，我现在就准备好了！我迫不及待地想见到你！我说的可是最有价值的球员啊！我的灵魂都为它歌唱。

所以，放手一搏吧，宝贝！加油！

然后我以我的招牌式结尾——"BLAAAH!"结束了视频的录制。

我很满意自己一次就搞定了。我把视频附在后面，并把这条短信发给了扬凯维奇医生。

"在干什么呢？这个短信附件中含有我在开赛日发给那些NFL

运动员的视频。希望你喜欢！"

我在早上6：28把这个信息发了出去。

五分钟后，我收到了扬凯维奇医生的回复，上面有一张他穿着……灰色连帽衫的自拍。照片下面有这么一行字：

"准备就绪。"

我无法用语言形容他那穿着灰色连帽衫的照片和回复的那几个字对我有多大的激励作用。我对自己说，这家伙懂了。我们的看法完全相同。我们的心态一样。

然后我想起我需要做第二段视频。录制这段视频的过程仿佛浇了一盆冷水，让我清醒了过来。梅兰妮和我有三个可爱的孩子：卢克、布雷迪和麦肯纳。而我有极小的概率会死于手术。全身麻醉期间可能会发生各种奇怪的事情，生活如此疯狂，我明白没有什么是绝对不可能的。

我父亲因心脏病发作而意外离世，这给我好好上了一课，当时他只有五十八岁。那时候我才是个二十岁的毛头小伙子。虽然从手术中醒过来是大概率事件，但希望我的孩子们能收到充满我的爱和支持的私人信息——以防万一我没醒。总是做最坏的打算，然后希望得到最好的结果，对吧？我告诉他们，我爱他们，并努力成为他们的依赖和心目中的父亲。

录制结束后，我听到梅兰妮和孩子们在厨房里，赶着吃早餐然后去上学。我走进屋子，热情地和大家打招呼，提醒自己记住这一刻的幸福。

我在身体上、情感上和精神上都做好了准备。

驱车前往科罗纳多

我的手术安排在夏普科罗纳多医院进行。我们住在圣地亚哥北郊的斯克里普斯牧场，这里距科罗纳多岛（实际上它不是岛）约有半小时车程，它位于圣地亚哥湾对面，与市中心隔海相望。

梅兰妮从西南学院请了一天假，她从20世纪90年代末开始就在那里担任运动科学教授。她主动提出开车，而我则翻阅了家人、朋友和熟人发来的大量"祝福"和"为你祈祷"的短信以及社交媒体信息。在这一天之前的几个月里，我一直在公开场合和社交媒体上明确地说我需要进行膝关节置换手术。

当梅兰妮带着我驱车穿过横跨圣地亚哥湾的科罗纳多大桥时，我想起了1999年我们穿过同一座桥的情景。

"梅兰妮，我决定拒绝峡谷学院的教职，留在圣地亚哥。"我那时告诉她。

我和梅兰妮是此前两年在圣地亚哥州立大学读研究生时认识的。她那时是一位有氧踏板操教练，金发碧眼，一对美腿，而我则是新的重量训练和壁球教练助理。我总是在休息时间去看她上课。

在当了九个月的"朋友"后，我把她约了出来。而峡谷学院

（这是在洛杉矶北部圣克拉里塔的一所社区学院）邀请我做他们的全职教师和力量体能教练时，我们已经约会15个月了。如果接受，我会拥有一个终身职位，但与梅兰妮刚开始的关系也就得到此为止了。而她自己最近也接受了西南学院的终身教职，这家学院位于圣地亚哥附近的丘拉维斯塔。

我不想失去梅兰妮。在读研究生之前，我曾在西洛杉矶工作过几年，所以这么说吧，我一点儿也不想再回到堵死人的高速公路上，不想在北方过那种快节奏的生活。同时，我也意识到这个机会很难得。起薪很可观，包括全部的福利，而且发展空间也很大。

接受峡谷学院的邀约就意味着，可能会离开一个对我来说非常特殊的人——一个我要娶回家的人。我得做出选择：要么是稳定的职业道路，要么是与梅兰妮生活在一起。

在圣克拉里塔大学，我看着校园，突然明白了自己在做什么。哦，天哪。这事儿得好好想想。要么搬到洛杉矶地区扎根，要么留在圣地亚哥和梅兰妮在一起，然后再去找找工作。

1999年8月的那一天，在科罗纳多大桥的最高点，我告诉梅兰妮，我拒绝了教职，决定留在圣地亚哥。"我想让我们的关系更加紧密。"我说："也许我会开一家自己的健身工作室。我知道自己可以找些事来做。"

快进到2018年11月。我望向深蓝色的海湾，那里星散着几艘游艇。回想起来，这些年发生了这么多事。我深深地感谢我的美好生活。这些年真的发生了很多事情。我很庆幸自己当年的决定，相信自己的直觉，拒绝了那份工作。

我们把车开进夏普科罗纳多医院的停车场，这是一家拥有181张床位的医院，骨科和关节置换手术是医院的专长。扬凯维奇医生在这里做的手术会彻底改变一个人的一生。在寻找合格的外科医生上，我算是竭尽所能，向周围的人打听哪个骨科医生做膝关节置换手术的水平最高。好几位非常优秀的人都推荐了他。

夏普科罗纳多医院聘请的摄制组已经在停车场等着了：两个人拿着摄像机，一个音响师攥着吊杆，几个技术人员拿着剪贴板尾随摄制组。在当今这个互联互通的世界里，我和夏普科罗纳多医疗团队都认为，如果能用视频的方式记录当天的手术，我们都将受益匪浅。工作人员拍摄了一些我拄着拐杖从停车场走到医院门口的花絮镜头。

夏普科罗纳多医院的一切都是崭新和高档的。签完委托书，算是把自己的命交给医院了，然后我被带到了术前准备室，摄制组也在后面。摄像机开始运转起来，呼呼作响，两名护士照顾着我：给我松软的枕头，检查我的生命体征，确保我在病床上躺得舒服。我们闲聊到上午11：00，然后其中一个护士说："我要给你打点滴了，你会觉得有点晕。"

好吧，这就开始了。我要睡上一觉了。

"需要我倒数三二一的时候，一定要告诉我，"我说。我知道麻药起效很快。我想看看自己是否能抵住麻药的效力，在昏过去之前至少数到一。

结果，我都不记得我数到三。

手术室内部

当然，我虽然完全不记得在手术室里发生过什么，但我很清楚扬凯维奇医生以及那些手术助手和护士怎么修复自己的膝盖的。只需看看45分钟的录像就一切都明白了。

有一些镜头是我躺在手术台上，身上盖着蓝色的床单，扬凯维奇医生抬起我的右腿，把我的膝盖上下来回地弯曲，最后把膝盖调整到做手术的位置。然后切开皮肤，处理我受损的膝关节。

"我们可以把髋关节和踝关节沿着中心旋转来对准假体吗？"扬凯维奇医生问其中一位护士。他穿着一件由特殊的浅蓝色布料制成的宽松长袍，戴着一个头盔和塑料遮面板，用来防止他的汗水和唾液污染我膝盖上的切口。在一般人看来，他就像穿了一件太空服。

他的右手控制着一个正在进行手术的机器人手臂。

"这才是它应该待的地方。"扬凯维奇医生说。摄像头正对着他的脸。此时，背景声音里出现了一种手持刨丝器发出的刮擦声，听起来像是他们正在对我膝盖内的骨头做着什么。他在操作机器手臂时，并没有看着我的关节，而是看着我头顶的显示器。

嗞嗞嗞……嗞嗞嗞……嗞嗞嗞。

白色的阴影在显示器屏幕上消失了，机器人手臂刮掉了骨刺，并处理了我内侧关节已经患上关节炎的那部分组织。

录像切到一个显示我头部的画面，我的头位于手术台一端，下巴松弛，对膝关节内侧上正在进行的打磨作业毫无察觉。

这声音听起来像是圆锯在切割木材或金属，噪声持续了半分钟，然后停了下来。在下一个画面里，扬凯维奇医生把看起来像埃尔默胶的东西涂在了一个闪亮的假体后面，接着是锤子把假体钉到适当位置的声音。

做完这一切后，扬凯维奇医生的脸上露出了一丝满意之色。"马上就好了，"他说，"看起来还行。贴合得不错。"

他抬起我的腿和包扎好的膝盖，又把我的膝盖前后弯曲——就像在买车前试驾那样。"他的膝盖很稳定。伸展没问题。一切都很到位。"

后来，扬凯维奇医生告诉我，他已经用机器人手臂做了8年的手术。但这是有史以来第一次机器人手臂在膝盖上的操作如此完美，他完全不需要再对其做任何修正。

"你一定有一个守护天使。"他说，"这次手术效果是我见过的最好的。通常情况下，我们必须要做一些后续的调整，但这次机器人手臂的操作太完美了，给你创造了一个完美的膝盖。"

第一步

他们说，我从麻醉中醒来时，完全不知身在何处。5个小时后，在我的私人病房里，一位护士宣布，是时候让我重新站起来了。她和另一位护士助手帮我下床，扶着我的胳膊，我用尽全身力气抓着助行架走出房间。我只需要沿着走廊走9米，然后转身，但这段距离看起来就像远方的地平线那么远。我每走一步，脸上都露出痛苦的表情，但我还是走完了这段距离。

在医院住了一晚后，他们就让我回家了。扬凯维奇医生说，我至少在未来5周内都没法恢复到原来的状态，但我只用了一半的时间就把心态调整好了。运动员就该这样，对吧？因为我有良好的康复心态，身体的恢复自然也就水到渠成了。

结果我大错特错。那五周很难熬。第一周，我住在一楼，睡在家中办公间的一张可伸缩沙发上。靠着助行架来回蹒跚可不是件容易的事。我也别再想着开车了，至少有五周都不能坐在方向盘后面，因为以后还得靠我那动过刀的膝盖来踩油门和刹车，因此还是不要冒这个险为好。

既然只能宅在家里，我就决定好好利用一下这次"假日时光"。2018年伊始，我曾在日记中写道，要休个假让自己好好休息、充充电。也许我和家人可以在洛基山脉租个房子。这事一直都没做，但我慢慢意识到，现在不正是个好机会嘛：五周的时间，除了恢复我的膝盖，也没什么其他可做的事。

由此，我开始了5周的高强度身体康复训练和自省。

你要么主动改变，要么就被改变。

那5周过得很充实。我全身心地投入恢复过程中。我认识到，自己可能不会再有这种"独处时光"了。

在日记中，我问自己：

- 做了部分膝关节置换手术后，接下来怎么办？
- 我还能恢复力量，重新正常地行走吗？
- 如何利用这次经历影响更多的人？

写日记对我恢复身体和摆正心态大有裨益，它帮助我迎接下一阶段的生活。

那段日子里我的感觉好到无法用语言来形容。接受部分膝关节置换手术是我做过的最明智的决定之一。在对膝盖动刀之前，我有很严重的弓形腿，走起路来像个刚下马的牛仔，但部分膝关节置换手术让弓形腿消失了7度。现在我走起路来没有任何痛感，甚至可以慢跑一下，不过长跑还是算了。保持好身材有上千种方法，不一定要去踩踏路面。

我承认，摆正心态是需要时间的，但我现在已经成功了，我已经准备好来帮别人做出身体、心理、情感和精神上的改变，这样他们就能过上更好的生活。

现在有很多人的心态不对。我在年轻人身上看到了这一点，如果他们在社交媒体上发的帖子没有得到数百个点赞，就会感到一败涂地。我在年轻的父母身上看到了这一点，他们费力地在同一时间做很多事情。我还在年长的人们身上看到了这一点，他们蹒跚地走向退休后充满未知的生活。他们的身体机能在不断衰退，银行存款也越来越少。

最重要的是，在这个动荡的年代，我们的心灵也承受着压力。

只需看看我们周围所发生的枪击事件、自然灾害、不断涌现的政治丑闻和动荡的世界局势，你就知道事情糟到了什么地步。

那么，面对所有这些挑战，怎么才能摆正心态呢？

我会在随后的内容中与大家分享十个关键点，它们能帮你战胜恐惧，点燃你的能量并助你成为自己人生的主宰。我会手把手教你，让你学会使用这些方法，希望帮你把自己的身体、心智和精神状态提升到前所未有的高度。

你听到我的话了吗？你真的想改变自己吗？如果是，那么，我已经准备好助你一臂之力了，因为我想要让世界变得更好。

别笑。我相信，如果我能激励人们来摆正他们的心态，那我们就会变得更好。

你可能会说，可是托德，我现在的情况不太好。很多事情我还没想明白。

没关系。摆正心态可不像开关电灯那么容易。刚开始你可以这样做，就是重复一句我经常跟职业运动员分享的口头禅：牢牢控制那些可以掌控的，别担心那些无法改变的。我很惊讶自己不知道有多少次得去提醒别人——还有我自己：如果我们把时间和精力放在自己可以控制的事情上，那日子就会好过得多了。

那么你能控制什么呢？

你能控制你醒着的生活，如何与他人互动，把时间用来干什么，选择跟谁一起共度时光，听什么、看什么、吃什么，做多少运动和其他无数的事情。从早上醒来到晚上头靠在枕头上之前的每分每秒，你要做很多事情，而我想做的就是激励你，让你对这些事情都抱有一个正确的心态。

也许你现在的心态、思路不对。嘿，人生就是一场旅行，但你是否留意了那些发生在身边的事？还是说你什么都不做，也不做什么人生规划或努力去掌控自己的人生，就这样让两年、三年、五年、十年的时光白白蹉跎？

这些年来，有这么句话一直在激励着我，这句话就是：

我命由我不由天。

如果有命运的话，那我一定是命运的主宰。没有什么比从现在开始改变自己的心态更重要的了。是时候让自己摆正心态了。

敢于梦想——直击你的恐惧！

生活并不在于你有多能打，而在于你被狠揍一顿之后是否还能坚持向前，在于你能承受多少，还奋勇向前。这才是赢得胜利的方式。

——洛奇·巴尔博亚，电影《洛奇》中的传奇人物

20世纪中期，一档新的电视节目火了——《超级减肥王》。

这档真人秀的特点是病态肥胖和严重超重者之间互相竞争减肥，看谁减掉的体重占其原始体重的百分比高。"参赛者"被分为几个小组，每组由私人教练带领，这些教练会像军队教官那样对他们进行虐待式的训练。每集都有很多尬点，比如让大腹便便的参赛者走过装着玻璃门的"诱惑冰箱"，里面装满了甜甜圈、蛋糕、馅饼、比萨和啤酒。

一季又一季，《超级减肥王》是NBC（美国全国广播公司）的收视王，每周吸引约1000万观众，并催生了《极度减肥》《我的饮食比你好》《我曾经很胖》《为婚礼而减》等衍生节目。每当我看到一个又一个这样的节目，就琢磨着自己是否有机会成为这些减肥电视节目中的教练。

我知道自己一定能鼓励这些想要减肥的人，我会做得很棒。我

总是说，减肥之道远远不止吃得更少和练得更多。还需要解决心理和精神方面的问题。但我很少在电视上看到这方面的内容！

多年来，我把参加健康真人秀节目作为我的一个胆大包天的目标，我将其称之为"大胆目标"。如果老天眷顾我，机会出现，那我一定会一把把它抢过来。每年一月份，在制定来年的发展路线图和战略规划时，我都会把这个胆大包天的目标列进去。

我并不知道如何实现这个目标。除了迈克尔·金，我不认识好莱坞的任何人。我没有训练过演员或制片人。我训练的是职业运动员、平日锻炼的人和健身爱好者。因此，在连续九年把"上电视并产生全球影响"写进年度计划后，在2015年元旦后不久，我没再把这个目标写进去了。因为写不写都没用。

不过，一个月后，你猜发生了什么？我突然接到一个电话，是好莱坞一家制片公司打来的。一个助理自我介绍说，她正在制作一档新节目，会让10位美国最顶尖的训练师与10位想要改头换面的女选手配对。这些女人感兴趣的不仅仅是让腰围小几英寸，她们还想改变自己的精神面貌，成为更好的人。

这不正是我的拿手绝活儿嘛。

"你已经被列在我们节目的邀请名单里了，"制作人员说，"我们想来圣地亚哥跟你见个面，看看你的工作状态。"

"太好啦。不过你们是怎么知道我的？"

"我们和一些人聊过，在健身教练的圈子里，人们经常提到你，因为你充满活力，很适合上电视。我们在YouTube[①]上看了你的视频，你绝对就是我们要找的人。"

她和另一位制作助理在随后的那个周末来到我的健身馆，看我怎么循序渐进地来指导健身者。他们对看到的一切非常满意。

在随后的几个月里，我和这位制作助理时不时联系一下。不过每次我跟她沟通时，她都显得很积极。"如果开拍的话，我们希望你能来洛杉矶试镜。"她说。

试镜？有什么好试镜的？

"我不知道你们为什么需要我去试镜，当然我很乐意。但你们之前看到的就是我的真实状态。"我说。

然后，我就出现在了洛杉矶市中心附近的一个酒店宴会厅里，在十几位执行制片人面前为角色"试镜"。明亮的灯光照在我身上，但我的前方一团漆黑。制片人营造的是一种舞台气氛。在这种灯光下，我是会崩溃，还是会激情绽放？是会慌乱无措，还是会进入状态？

我可不会怯场。当黑暗中一个声音问我为什么要上节目时，我已经准备好了答案。

"你不仅找不到比我更敬业的训练师，而且我相信自己来到这个世界的目的就是为了改变人们的生活。在心态问题上，我不相信地球上还有任何其他教练能更加真诚和真实地展现自己的激情、积

---

① YouTube，是美国的一个视频分享站点。——译者注

极的态度和活力。我要做的，不只是改变一个人的生活，而是要改变数百万人的生活。"

我说话很自信，并不显得夸夸其谈，也不会显得在贬低其他候选人。话虽如此：作为一个在健身领域有20年从业经验的人，我知道，如果要改变人们的生活，需要的远远不止是壶铃、自由重量和TRX（全身抗阻力锻炼）悬挂训练系统；我知道人们的改变是由内而外的。我必须把他们的心态调整过来。

《超级减肥王》里的那些训练师，对学员只是又捶又打，把他们贬得一文不值，我从来不觉得这样做有任何价值。我对制片人说："我的任务是改变学员的身体、思想和灵魂。我不在乎她是20岁的年轻人还是55岁的老奶奶。我会尽全力去改变她的思想、行为、生活和信仰。我保证能做到！"

入围名单

试镜结束后，一位制片人打电话告诉我，他们请来了几十位训练师参加试镜，而我入围了。那感觉就像是参加《美国偶像》，而我的命运就掌握在评审团的手中。

试镜期间，我倒是得到了一些重要情报。这档新的真人秀节目背后的制作公司是25/7（美国一家制片公司）制作公司，公司负责人是《超级减肥王》的制作人大卫·布鲁姆。所以，当布鲁姆在洛杉矶向我介绍自己时，我就知道得认真对待他说的每句话。当时他提到西尔维斯特·史泰龙——是的，他是我的英雄，洛奇——担任本节目的执行制片人。看来这节目就是为网络电视量身定做的。史泰龙，三个成年女儿的父亲——索菲亚、塞斯汀和斯嘉丽——说他想参与制作一档帮助女性竞争者充分发挥潜力的真人秀节目。

一周后，布鲁姆的助理又给我打电话。"听着，你在试镜中表现得很好，"她说，"如果这个节目能被电视台选中，你有99%的机会上节目。"

这是个好消息，但我在想，那另外的1%呢？

2015年夏天，我从25/7制作公司听到了同样的消息：很有希望。已经99%确定要上了。

在第三次或第四次听到已经99%确定要上了之后，我直截了当地问制片助理为什么还有那1%的不确定性。

"我很高兴你提出来了。"她说，"我们一直关注你的健康史，你爸爸在五十八岁时因心脏病发作去世了。由于你的家族有心脏病史，所以你得通过我们的体检才行。这就是我们说的1%。"

我在过去已经由医务人员做过好几次体检了，但布鲁姆的团队让我做的这个是极难的——这种水平的测试只有高阶健身者或海豹突击队队员才需要做。作为体检的一部分，我不得不驱车前往洛杉矶的西达·赛奈医疗中心，在跑步机上接受压力测试，难度会逐渐加大，然后接受核素心脏扫描，扫描前，我要吞下一种放射性染料，然后躺在扫描仪里，它会对我的心血管系统拍照，看有没有哪里血流不畅或心血管是否受损。

　　显然，检查结果还不错。事实上，我有一颗功能完美的心脏，心脏瓣膜没有出现斑块或堵塞。

　　8月的一个下午，布鲁姆的助手又打来了电话。"恭喜，我们希望你成为节目中的训练师。"

　　"非常好，"我说。看来我要实现那个胆大包天的计划了。"我在节目上需要做什么呢？"

　　"训练和指导你的女队员，一起去争取那50万美元。到时候会有10名训练师和他们各自的女队员跟你们来竞争。"

　　"我有多少时间来训练她？"我觉着应该有差不多一个多月的时间来录节目。

　　"如果你能一直赢的话，那就最多三个月。而且你不在片场的时候，会被与外界隔离起来。在这段时间你没法儿跟外面的人联系。"

　　什么？我这才开始慢慢明白，制作网络真人秀节目所要花的时间和做出的牺牲远超想象。我这么做是对的吗？下面几个问题重重地压在了我的心头：

　　我真的算过这样做的成本吗？

　　我真的需要做这个节目吗？

　　我这样做纯粹是出于自我膨胀吗？

　　我的担心是很有理由的。可能得离开Fitness Quest 10长达三个月的时间。不仅如此，还不能和健身房的教练和团队有任何交流。

　　哇喔——这真的是我该做的事情吗？

　　我的公司有42名员工。我有海量的客户。我每个月还会以视频会议的方式对一个由差不多200位训练师组成的导师团提供一次指导。而若要参加节目，所有这些都不可能了。

还有，这对我的收入会有什么影响呢？当然，制片人会给我按日计费，但总共加起来甚至还不如平时每周的收入。我担心这方面的风险实在太大。

不过，最大的担心还是：在我离开的这三个月里，家人会怎么样？我们之间的联系会非常有限。除了周日下午一个小时的"电话探视"，我不能和梅兰妮或孩子们说话。就连监狱里的囚犯都有更长的探视时间。

第三个主要问题是我和安德玛之间的合同。2006年，我与这家运动服装公司签署了一份赞助协议，健身服只穿安德玛的。而Fitness Quest 10是世界上第一家安德玛赞助的训练场馆。

安德玛的创始人凯文·普朗克成了我的好朋友。多年来，他邀请我在安德玛举办的超级碗、职业杯以及世界各地的其他主要运动场馆进行演讲。合同规定，当我在健身场馆时，我必须从头到脚都穿安德玛。

当我打电话给凯文解释自己的窘境时，他表现得非常宽厚。"如果上这个节目对你的事业有帮助，那就去吧。让它成为你的闪光时刻，让我们感到骄傲吧。"他说。

这三个月不仅要赔钱，还意味着我得取消每年为健身专业人士和企业家举办的为期3天半的导师大会，通过这个活动，他们能拓展业务，提高领导力，并实现个人成长。这是我一年中举办的内容最深入、讨论最激烈的现场活动，而且我只在每年秋天做一次。大约有100人参加，每人付2000美元，所以一场活动下来就有6位数的收入。

当节目的助理制片人说他们想要我上节目的时候，我已经签了一份不退费的酒店合同。我必须要放弃32000美元的预付款。最重要的是，有32人已经提前报名并订好了去圣地亚哥的机票。如果我把导师大会推后五六个月举行，那要做得地道些的话，就得帮他们支付机票改签费。

我找到节目制作人，说要上节目就得承担32000美元的酒店住宿押金。所以想问问他们对此有什么办法没有。

他们告诉我，没办法。

"要么就做，要么就走。"

看来收回押金是没戏了。

一切充满未知数

我了解到这个节目的名字叫《增强训练》，将在NBC播出，也就是播放《超级减肥王》的那个电视台。

但并不确定《增强训练》一定会播出！如果NBC不喜欢它的最终节目效果，那我们花好几周拍摄的内容就全都得作废。这让我觉得更加恐惧。

眼前就是高达50万美元的奖金，我该怎么做呢？自己当时已经40岁了，身体很多地方因为常年的高强度运动也开始出现问题。我的右膝很不舒服，右肩也是如此。虽然不确定，但我怀疑竞争对手都是那些比自己年轻一二十岁的年轻训练师。我可能在第一周就被干掉，然后只能打道回府。

另一个问题是，在全美那些通过平板电视看着节目的人面前，自己会表现得怎么样。我听说过关于真人秀节目的恐怖故事——节目制片人如何用一眨眼的工夫就让你看起来像个傻瓜，这取决于他们如何"剪辑"，而我对此完全无法施加任何影响。这在我签的合同里已经写得很清楚了。

当把这些让自己恐惧的因素放在一起考虑时，我倾向于稳妥，并在最后一刻对《增强训练》的制片人说"谢邀，还是算了吧"。但随后，另一个念头悄悄溜进了脑海——这也是我多年来对自己的学生和客户一再说的：知取舍，方能成大事。

如果要这么来的话，那就必须像在日常生活中那样去直面心中的恐惧。当然，我有舒适的生活、美满的家庭、蒸蒸日上的事业和同行的尊重。但现在，我的内心深处有个声音在说，嘿，如果你想提高层次，如果你想挑战自己，你就得这么做。你要直击你的恐惧。你得放弃很多。

从我拒绝峡谷学院教授一职的邀约到现在为止已经很多年了，我第一次得学着去适应让自己感到不舒服的想法。我得克服对 Fitness Quest 10没有生意、商业计划和收入的恐惧，但很高兴的是，我确实做到了。

由于我一直想成为真人秀节目上的训练师——而现在，机会都直接到了我面前了——那为什么还疑虑重重？为什么害怕在别人面前看起来很糟糕？为什么不能摆正自己的心态？

对失败的恐惧有一个专业的叫法：失败恐惧症。每当恐惧阻止我们接受挑战，无法实现目标和达到目的时，我们就会臣服于恐惧。我每天都能看到各种各样的恐惧：

- 害怕在训练营中被刷下来的职业运动员。
- 害怕再也无法把孕期增长的体重减下来的妈妈们。
- 第一次受了重伤后不知道是否还能再次挥杆的高尔夫球狂人。
- 讨厌在体育课上穿戴整齐的自卑青少年。
- 极其在乎别人在社交媒体上对自己的评价的千禧一代。

当新客户第一次来到我的健身房时，我在他们的脸上看到了恐惧和打击的神色。多年来，像下面的对话，在Fitness Quest 10已经进行了不下百次了：

> **Q 我**　嗨，比尔，欢迎！很高兴你能来上我们的第一次课。你今天为什么到这儿来呢？
>
> **A 比尔**　托德，我知道我需要减肥。我父亲刚满60岁就死于2型糖尿病。我已经30多岁了，几个孩子都还小。我很担心跟他是一个结局。这很难启齿，但我想我

需要减肥。

| Q 我 | 那你为什么要让我来做你的教练？ |

| A 比尔 | 因为我现在做的不起作用。 |

| Q 我 | 为什么不起作用？ |

| A 比尔 | 嗯，你只要看我一眼就明白啦。 |

| Q 我 | 我看你的时候，只能看到外表，看不到内心。当你看自己的时候，你看到了什么？ |

| A 比尔 | 嗯，我看到的是一个太重的人。这太烦人了。 |

| Q 我 | 为什么觉得烦？ |

| A 比尔 | 因为我知道这不健康，我也不可能活得健康，至少胖成这样不行。 |

| Q 我 | 所以你其实是在寻找自己的最佳健康状态？ |

| A 比尔 | 对的，就是。这就是我今天来这里的原因。我希望你能帮助我。 |

再仔细看看我和比尔之间说的话。我问了他5次"为什么"，然后才找到促使比尔到我这儿来的真实原因：他想感觉更好，他想变得更健康，这样他就可以和妻子建立更牢固的关系，成为孩子们更好的父亲。他来到我的健身房，并不只是因为他身上多出来了100磅①肉。他是来找回他的健康、活力和能量。现在我就知道该

————————

① 1磅约为0.4536千克。——译者注

怎么来帮他达成所愿了。

我当时就开始指导他：

> **Q 我** 让我告诉你，这可不是件容易的事。变得健康需要改变，需要改变习惯。但我会助你一臂之力，我会问些问题，而你自己要来解答这些问题。当然，我们每周要一起训练3天，但这3天中每天还有剩下的23个小时，你可以好好利用这些时间。你不仅要选择吃什么，还要选择读什么。我要给你发一些励志名言来帮你摆正心态。因为听起来你好像已经不爱自己了。你连自己都不爱，怎么去爱你的妻子和孩子？这就是我想帮助你的。你准备好今天就开始了吗？

> **A 比尔** 准备好了，托德。对我来说，光是到这里来就已经很可怕了。我以前没想过自己真的会过来。但我现在已经来了。

> **Q 我** 这很可怕，所以我为你鼓掌。其实你已经迈出了最难的一步，也就是第一步，就是承认自己想变得更好，承认自己有问题，承认自己一个人做不到。你就像那些来找我的职业运动员。他们想要有动力和责任心，从我这里学到如何更上一层楼的技巧。你的心态是一样的，看得出来，你就是想要成为最好的自己。你打电话给我，然后到我这里来。不过对

你来说，它可能会是刑场，但你要学会爱它，你要学会，每当你在生活中或者在事业上遇到不顺时，你都可以想想，你至少还有一个健康的身体。

当然，你可能已经在生活的其他领域取得了巨大的成功，但人总是不断提升的。今天，你迈出了最困难的一步。我们就要开始训练了，记住这一点：身体是革命的本钱。没有健康的人，一无所有。

在接下来的1个小时里，我们要训练，我们要流汗。我们要让你的心脏怦怦跳，我们要锻炼肌肉。我们要锻炼的不仅是肌肉，我们还要锻炼心理肌肉和精神肌肉。我想锻炼你的一切，这样你就可以在身体上、心理上、精神上达到巅峰状态了。达到这一点，你也就实现了你神圣的目标。开始追梦吧。

你需要听这种励志演讲吗？

在关于是否参加《增强训练》节目的问题上，我需要听到的是另一种励志演讲。我的恐惧主要是是否应该离开家人这么久，我如何面对更年轻、更强壮的体能教练，以及是否会在全国播出的电视节目上出丑。所以，我做了对自己所有客户所做过的事。我帮助自己调整了一下心态。

当然，参加《增强训练》有风险，但放弃迎接挑战的机会会让你后悔一辈子。如果你不试试，就永远不知道。如果永远不知道，那就是因为你没去试试。

你呢？你会不会后悔，然后说：我当时自己能试试就好了。我真希望当时能相信自己一次，来冒这个险。

听着，我们都有过这样的经历，但答案是明确的。你不想后悔一辈子，即使去做的话有可能会失败。你只需要摆正心态，一头栽进那未知的世界，大杀四方就行啦。

变得更强大

在开往洛杉矶的路上，我心里"两味"杂陈：兴奋和恐惧。我不太确定这个决定会带来什么影响。我住进了圣费尔南多谷林山的一家酒店，在那里我看到了其他教练，但不允许我们交谈。他们给了我一把房间钥匙，并告诉我每天可以离开房间去锻炼一个小时。

这种情况持续了10天！很快我就觉得像坐牢一样，每天都在我的"监舍"里吃饭。跟监狱唯一不同的是，食物棒极了，节目制作方对餐饮商的选择倒是很到位。但最后就连自己在酒店房间里吃营养餐，也很快就变得无聊了。我很孤独，很想念我的家人。后来我才知道，我们被隔离了这么久，是因为片场还没准备好。

我决定不看电影，也不整天读书，而是开始写我的第二本书，书名为《魔力之书：用52种方法来激励心智，鼓舞灵魂并在生活中展现魔力》（*The Wow Book: 52 Ways to Motivate Your Mind, Inspire Your Soul and Create Wow in Your Life*）。我没有在这独处的10天内完成这本书，但我给它开了个好头。

　　有一天晚上，有人让我收拾行李，然后到酒店大堂汇合。那天晚上，当我走出电梯时，看到其他训练师围着一位《增强训练》节目组的助手。但参加该节目的女性选手一个也不在。

　　"大家听好了，"一位制作助理宣布。"我们现在是在'坚冰'环节，你们不能互相交谈。谢谢配合。"

　　坚冰？发生什么了？我很想和那些站着来回摇晃的家伙聊上几句，他们跟我一样是私人教练。毕竟，我们参加了同一档真人秀，对吧？为什么我们不能聊聊呢？

　　我们上了一辆15座的面包车，车悄悄开进了圣费尔南多谷和马里布之间的沿海山麓。我对这片区域很熟悉：20多岁的时候，那时还没遇到梅兰妮，我在那儿做明星的私教。一个叫迈克尔·金的好莱坞大亨聘我做他的私教和按摩治疗师。你可能从来没有听说过迈克尔，他是王者世界制作公司的CEO，但你肯定听过他所在公司制作的节目：《奥普拉脱口秀》《命运之轮》和《危险边缘》。

　　迈克尔把我收入麾下，当时我还是一个崩溃了的四分卫，在欧洲美式橄榄球联赛中受了重伤。那段时间，我正在寻思接下来要做什么。迈克尔让我为他的背部做按摩和身体治疗，还有一些个人训练，他立刻喜欢上了我和我的服务。

　　接下来，我就搬到了洛杉矶，住在迈克尔在马里布的客房里。我说的可是流行歌手斯汀拥有的一处美丽的海滨房产中的一间客房。当我坐在《增强训练》摄制组提供的面包车里时，这些记忆涌上心头。尽管外面一片漆黑，我还是立刻认出了托潘加峡谷大道的丘陵地形，这是连接林地山庄和马里布的主要通道。

我们到达了一个看起来像"减肥中心"的林中度假村，在这些充满乡村特色而又奢华的地方，有钱人在那里吃着健康餐，甩掉身上多余的重量，体验着一个又一个的温泉。我注意到几栋低矮的木制建筑，围立在一个漂亮的游泳池旁，还有一个公共会客区域。一切都装饰得很有格调。

抵达后，我和其他教练聚集在会客室里，听取简报。

"今晚，你们会见到自己未来的搭档和节目主持人，他会给大家解释的。"制作助理说。"记住，一切都会被拍摄下来，所以要装作不知道这儿有摄影机。"

当她说"今晚"的时候，她说的还真是今天晚上。我和其他教练回到房间，在那儿一直待到晚上11点，然后我们上了一辆面包车——还是在"坚冰"环节——开了10分钟，最后到了"竞技场"。

我并不是说现在太晚，已经过了睡觉时间，但对于要做艰苦训练的人来说，11点是相当晚的。没关系。当货车沿着一条双车道道路在大风中深入马里布的山脚时，我的身心就都已做好了准备。

在一片漆黑中，我看到一圈亮光照亮了黑色的天空，就像斯皮尔伯格的电影《第三类接触》中飞船降落时的情景。现在开始有点儿意思了。

9月下旬的夜晚，空气很冷。在我们的皮大衣下面，是一身黑色的训练服，胸口的位置上印有《增强训练》的标志和各自的名字。我们被带到了舞台后面，然后被告知，当听到在叫自己的名字时，就跑着上台。

我照做了。当登上灯光璀璨的舞台时，我通过眼角的余光看到有三百台摄像机对准了我。也许没那么多，但也没差多少吧。

哇喔。这回是来真的了。

舞台的一边站着10名培训师，都是男性。另一边，肩并肩地站着10位看起来20多岁到30多岁的女性。她们身着黑色运动紧身衣，上身还罩着不同颜色的衣服——白色、蓝色、橙色、紫色、灰色、黄色、橄榄色、红色、水蓝色和青色。一个声音在扩音器里响了起来："我们现在欢迎节目主持人，职业排球运动员和健身专家加布里埃尔·里斯（Gabrielle Reece）登场！"

在她打排球那会儿，我就知道她的大名了。她主持过探索频道的《训练行家》（Insider Training）节目，参加过ESPN（24小时播放体育节目的电视网）的世界极限运动会，还写过一本登上《纽约时报》畅销书排行榜的书：《我的脚太大，穿不下水晶鞋》（*My Foot is Too Big for the Glass Slipper*）。她嫁给了职业冲浪手莱尔德·汉密尔顿，在美国运通公司的广告中，这位冲浪者朝着巨浪直冲过去，这让他成了国际名人。

"欢迎大家来到《增强训练》，10位美国顶级教练与10位学员配对，他们将共同争夺高达50万美元的奖金。"加比说。

不好！我已经有点儿心慌意乱了，但这还没开始呢。我环顾左右，发现几个年轻人，他们发达的肌肉都快把节目组提供的衬衫挤爆了。他们中的大多数人看起来比我小差不多10到20岁。而我看起来就像个身体健康的普通老爹，想跟一群从美国国家橄榄球大联盟训练场下来的壮汉一较高下。

他们立即开始考验教练。我们会拿着大锤去砸一堆煤渣砖。把砖砸碎了，就做下一个绳索任务，就是把重物拉上塔……差不多就是这么个意思。

制片人不知道的是，我内心的激情已被点燃。我开始奋力挥舞那沉重的大锤，排名第五——排在中等位置。

然后，节目组让她们选择自己想要合作的教练。她们抽签决定谁先选。

吉尔·梅，四个孩子的母亲，牧师的妻子，30多岁，选了排名第一的那个教练。本尼·威利，前达拉斯牛仔队的力量和体能教练。他具备一切有利的外部条件：令人生畏的体格、雷鸣般的嗓音、酷酷的山羊胡子和一颗寸草不生的脑袋。他看起来将近40岁。我喜欢本尼和他所代表的东西，不过，老天，他就是头野兽。

维多利亚·卡斯蒂略，一位婚礼摄影师，选择了莱昂·阿祖布克，这个教练看起来——就像他说的那样——从头到脚都透着重量级拳击手的味道。芝加哥作家莎拉·米勒选择了来自加州曼哈顿海滩的明星教练德鲁·洛根。接下来，德文·卡西迪，一个来自波士顿地区的24岁职业拳手，选择了我，选我的原因可能是因为我是第5名吧，但肯定不是因为我是个身材魁梧的年轻猛男。

但教练不能与学员说话。"各位，我们还在'坚冰'环节，"阴影中的一个声音说。当我们停止拍摄时，已经是凌晨两点了。我们被送回了生活区。节目就这样开始了。

录制《增强训练》节目的过程中，我学到了一些关于真人秀的东西。制片人之所以要设置"坚冰"环节，是因为他们要捕捉到教练和学员之间的每一次对话。第二天早上，在全程录制的情况下，我们在一个名为"强人庭"的户外/室内健身区集合。在整个节目的录制过程中，我们都将在这里展开训练。

我看着德文，一个高挑的金发女郎，她对着镜头说："我叫德文，来自马萨诸塞州的波士顿。我是一个生活丰富多彩的年轻职业选手。但我对生活的很多方面都不太满意，因为我父母正闹着要离婚。我在寻找更深层次的人生目标，我不喜欢竞争。"

等等，她刚才说她不喜欢竞争？哇喔——这可糟了！

淘汰塔

制作人每周都会搞些体能挑战。获胜者可以选择一个团队去淘汰塔，这是一个装饰着霓虹灯的四层楼大厦，其中包含了8项让人厌恶的有关蛮力、力量、耐力和灵活性的测试。他们将与上一次挑战中排名最后的那个队来竞争。输掉淘汰塔比赛，你就得退出节目了。

第一次看到淘汰塔的时候，是在半夜，其他人惊得下巴都掉了。我的脸上泛起了一丝得意的笑容。我看着大家说："这不是什么淘汰塔，这是'机会'塔。"

"这个观点很有意思，"其中一个教练说。

我正在努力摆正心态。我知道，我们的队伍迟早要去淘汰塔。我想把那个怪物看成是继续比赛——而不是走人——的机会。

德文和我发现自己比预期更早地来到了"机会塔"。在第3周，我们输掉了双卧推挑战赛，其中包括举起一根装满水的木头，我们也因此被送进了淘汰塔，对阵另一队。

在进入淘汰塔前2个小时，德文被一阵巨大的惊恐攫住了。"我绝不会去淘汰塔。"她哭喊道。

我尽力安抚她，让她摆正心态。

"输赢对我来说无所谓，但我们要进去，我们要去比赛。"我说。"这个节目播出以后，看着节目组宣布你自己退出了，你在波士顿的那些朋友会怎么看你？你绝对不能退出。"

我的话没起到任何作用。她越来越惊恐，最后连医疗队都来了。医生给她做了检查，并通过呼吸练习让她平静下来。谢天谢地，她振作了起来，能够继续下去了。

我说的"继续"指的是在午夜继续。第一个障碍是先起跑一阵，然后跳到一个看起来像个抱摔假人的树杈形袋子上。然后再滑9米到达另一边，滑的时候还得抓紧了别从袋子上掉下去。在前两次的"淘汰塔"比赛中，我看到女选手们因为缺乏上肢力量，难以坚持足够长的时间来穿过9米的护城河。

果然，德文不断从袋子上滑落。在尝试了十几次之后，我心里说，不管了。下次再跳上袋子的时候，我要用右臂把她压在袋子上。这方法果然有用，我们到了另一边，但是当我把她压在袋子上的时候，我感觉右肩有什么东西跳了一下。不过当时我全身充满了肾上腺素，没工夫管它。

与此同时，另一队在塔上稳步前进，并轻松击败了我们。我们输了，被淘汰了，但我为自己和德文所作出的努力感到骄傲。上帝知道，她确实努力了，而我希望她做的仅此而已——放手一搏。

即使不再上节目了，我也觉得自己必须留下来，就像《幸存者》的选手被淘汰后得回到"陪审团"里待到拍摄结束一样。但有个制片人把我拉到一边。

"嗯，托德，我们知道你有家庭，还有生意要做，我们会把输了的那个女的留在这儿，但你想回家的话现在就可以回家了。"

因为我想见到自己的家人，在Fitness Quest 10也还有要做的事，所以在片场呆了5周后，我决定回家了。在第二天早上驱车回圣地亚哥的两个半小时的车程中，我回想了一下自己是如何敢于梦想并实现了一个胆大包天的计划。我曾录制过一个全国性的电视节目，该节目展示了体能教练如何帮助人们通过艰苦的体能训练，少吃无意义的碳水化合物和重新关注那些重要的事情来让学员的生活产生天翻地覆的变化。虽然我没能赢得比赛但我已经成功地直面了心中的恐惧。坦率地说，我觉得已经把它们征服了。

你的想法最终决定了你的建树

一定不要把你最大的敌人长留心间。

——莱尔德·汉密尔顿，冲浪者

我出生在一个爱尔兰天主教家庭，住在新泽西州一个叫布里克镇的沿海小城，是八个孩子中最小的那个。我们住在埃奇伍德大道郊区的一栋农舍里。由于有那么多孩子从家里进进出出，我们家便成了邻居们的聚集地。

我的姐姐凯伦只比我大一岁。她最好的朋友是苏珊·施纳贝尔，就住在两个街区之外。在我上幼儿园和一年级的时候，她们会让我跟她们一起踢球，这让我觉得自己长大了。当时自己只是个想要跟她们一样优秀的小孩，但有一点我绝对没有想到，有一天自己会在苏珊生命中最困难的时期为她鼓劲加油。

苏珊在30出头的时候爱上了斯科特·费尔格里夫，他在前一次婚姻中有一个儿子。他们结婚后，苏珊一心一意地当起了这个孩子的继母。

2011年，结婚6年后，斯科特41岁，身体太容易发胖了。他决定采取行动，聘请一个私人教练来帮他保持身材。我很想来帮他这个忙，但那是不可能的，因为我当时住在圣地亚哥。

与此同时，苏珊决定做些完全不同的事，她称之为海岸揽胜。拍摄一些关于海边的照片，都是有关海星、贝壳、绳索、海滨美景、灯塔和跟航海有关的内容，这也成了一门生意：她会把这些照片拿到当地的美术馆去展览。

接着，在毫无征兆的情况下，斯科特于2012年10月12日发生了一次严重的心脏病。医生为他做了动脉整形，切开了被堵住的心血管，救了他一命。这次大手术后，斯科特开始了康复治疗。

斯科特一直坚持做康复训练，服用正确的药物，并开始了一个新的健身计划——所有这些都是心脏病患者应该做的事情。他的身体情况稳步向好，然后在他42岁生日的时候，12月28日，他和苏珊去五月角看望朋友，很晚才回家。

第二天一早，他把苏珊从沉睡中叫醒。他背着一个背包，这让她感到很奇怪。

"我需要你送我去医院。"他说。

这句话让苏珊完全醒了过来。她赶紧把他送到当地的急诊室，医生给他做了检查，并做了各种测试。整整一天，斯科特的身体状况都被严密监控着。

当晚20：30，护理人员通知苏珊，她应该回家休息一下。在她离开后不久，斯科特又一次心脏病发作。这一次他没能挺过来。斯科特·费尔格利夫于2012年12月29日去世，而这就发生在他42岁生日后的那一天。

苏珊彻底崩溃了。有些日子，她连强迫自己下床或洗澡都做不到。她把窗帘一直拉着，偶尔甚至拒绝出门。由于她的继子小斯科特和他的生母在一起，所以她当时的境况真的非常黑暗和孤独。

几个月过去了，苏珊还在抑郁中挣扎。

在那些黑暗的日子里，她想到了我。她找到了我的YouTube频道，看了我在不同听众前做的演讲。她被我说的要在生活中摆正心态的话深深地吸引住了——我们所做的一切和自己的一切都源于如何来看待自己和周围的世界。即使被黑暗笼罩，但只要能摆正心态，就能心无旁骛地专注于自己的目标。她可以重新找回自己对未来的梦想，珍惜与家人和朋友的关系。

真正引起她注意的是我说的"每天进步1%"那句话：每天进步一小点，直到突破现在的状况。我的积极态度是她在巨难中前行的动力。

苏珊受到启发，最终走进了一个健身房，在那里她开始上私教课。每当她尽全力将一个10磅重的实心球扔到地上时，她就相信身体状况会好转1%。她对朋友们说："如果你觉得自己一个都没法再做下去了，你就还可以再做三个！"

2016年7月16日，斯科特去世3年半后，在一个大热天，苏珊在车库里正忙着做她的海岸揽胜业务。她回忆起她和斯科特在罗德岛的一个叫作南塔基特的偏远小岛上度过的假日时光，这个岛离马萨诸塞州科德角海岸只有30英里[①]的距离。

突然，她想到了一个完美的代号，这就像上天赐予的礼物一样：ACK 4170。ACK是南塔基特纪念机场的机场代码，4170代表的是地理坐标：经度41，纬度70。从那天起，她的新事业就叫ACK 4170。她在2017年春天推出新的网站后，市场反响非常好，这让苏珊有信心迈出巨大的一步，搬到南塔基特，在历史悠久的市中心开一家零售店。此后，ACK 4170赢得了许多店面竞赛，并被选为"南塔基特最佳礼品店"。

"在度假区拥有一家实体店会带来很多挑战，因为经营ACK 4170比我想得要难，但我很高兴自己用了正确的心态来面对它们，"苏珊说，"在我最黑暗的日子里，托德一直是一个积极的榜样和导师。对我在新泽西州的寡妇互助小组，他也帮了很大的忙。在小组每年一月举行的会议上，受到托德传达的积极信息的鼓励，她们制定了年度发展路线图。不用说，托德对我们所有人都产生了巨大的影响。"

苏珊·施纳贝尔·费尔格里夫就是这样一个活生生的例子，她必须在最艰难的经历下——年纪轻轻就当了寡妇——摆正心态。面对生活中的许多挑战时，拥有正确的心态是最重要的，比如在经济窘迫之时，或是因为伤病而被迫改变生活轨迹，抑或是梦想破灭。也许你已经碰到过一两件或所有这些事情。我就碰到过，我可以很

---

① 1英里约为1.61千米。——译者注

容易地从客户和朋友那里找到更多的例子。

有一位Fitness Quest 10的客户告诉我，他和他的家人拖欠了10000美元的房贷，房子肯定是没法住了。还有我管理团队中的一位领导朱莉·威尔科克斯从她丈夫加里出现严重中风的那一刻起，生活发生了天翻地覆的变化。还有我的好友特里娜·格瑞，她的女儿杰德在密歇根州的高中打排球时前十字韧带断裂，去甲级排球联赛打球的梦想可能就此破灭。而在这事发生几个小时后，她就给我打了电话。

他们的共同点是希望能够摆正心态继续生活下去。人们总是想得太多，这些年我经常听我的橄榄球教练这样说，这也是为什么我希望你首先处理的事情就是你的想法。

摆正心态的第一个关键点：

你的思想决定了你的生活和你的建树。

你有没有思忖过自己在想什么？你其实该这么做。研究人员称，一个普通人每天会产生大约7万个念头，这可能看起来很多，但即使是这个数量的三分之一，仍然是大量的念头在脑子里你方唱罢，我又登场，看谁能引起你的注意。

真正让人抓狂的是，98%的念头都是昨天已经产生过的念头。而其中高达70%的想法又都是负面的。这就需要立即摆正心态了！

那你呢？你是否会冒出这样的念头？

- 我的身材很差，需要减掉50磅。

- 我的教育程度不够，觉得自己干不了这份工作。

- 我的钱不够，所以无法采取必要的措施来实现渴望的成功。

- 我永远都会是单身。

- 我不知道能不能做到。

- 他们是一个比我们更好的团队。我们恐怕赢不了。

- 为什么我总是把事情搞得一团糟，让自己过得不舒服？我这
  个人太让人讨厌了。

- 我不够好。

- 我和世界上千千万万的人没有什么不同。

有时候我们会对自己残忍，不断地用各种想法和自言自语来打击自己。这种做法必须停止！

你当然有能力控制自己的心念。如何实现这一点？首先要认识到，出现问题后，要做的是理清思路，而不是立即做出反应。你有能力降服因担心、恐惧、怀疑甚至欲望而生的念头。

我很清楚，每个人时不时都会有负面的想法。我自己也不例外，但我要做的是不让自己为负面情绪主导。否则，就没法达到想要达到的目标了。

当我听到脑海中响起自言自语的声音：托德，你太忙了，要处理的事太多了，或者，老兄，谁在乎你说什么？他们已经听过这些话了，我就会把手伸向左手腕上的一条2厘米宽的黑色弹力带，把

它从手腕上绷开，然后猛地放手。

啪！

坚硬的橡胶上印着几个大写的字母："I.M.P.A.C.T."，代表着"承天启、精于技、练于世、敏于行、铸伟业、固以成"。用 I.M.P.A.C.T. 腕带弹自己其实是有点疼的。我这样做并不是因为自己是受虐狂，而是为了提醒自己立即停止任何负面情绪——或立即停止思考不应该思考的事情，免得这些念头堆起来把自己压垮了。

经验告诉我，总是想着那些负面的东西，最后就会成真。当你大声说"你差劲透了"这样的话，你就把你的想法变成了语言。话一出口，多米诺骨牌就会一个接一个地倒下来。我喜欢跟别人这么说：

你的思想化为语言。

你的语言化为肉体。

你的肉体化为行动。

你的行为化为习惯。

你的习惯化为性格。

而你的性格则成就了你的建树。

一切都从你的思想开始，所以让我们来看看：你是否经常看不起自己或轻视自己？你是否经常觉得有什么不好的事情会发生在自己身上？你是否认为自己没有吸引力、不被爱、不被需要？

用积极的方式跟自己说话，积极地看待自己，我们需要养成这种好习惯。也许我这样做是因为不想再用腕带弹自己的手腕了，不过我觉得自己在这方面已经进步了很多。当我提醒自己，要走在正确的轨道上，以及自己成功地向他人传递了积极的信息，那么自己就会更受鼓舞，会更加努力地去改变他人的生活。积极的自我对话是至关重要的。

我最喜欢对自己说的一些话是：

- "没问题！"
- "我会欣然接受压力。压力是一种特权。"
- "来啊，宝贝儿，放马过来！"
- "是吗？那让他们瞧瞧这个！"

我们会训练运动员，让他们在比赛前把成功的情景想象数百次，就像彩排那样。我和新奥尔良圣徒队的四分卫德鲁·布里斯共事了很久。当德鲁后撤七步，扫视全场，决定到底把球扔给哪个队员时，他的眼前已经浮现出了一个完美的螺旋，起点是他的指尖，慢慢破空而过，最后被接球手安全地揽入怀中。他每次后撤准备投球时，脑海中只会出现自己和团队取得成功的画面。每次投球，德鲁都将自己的思维调整到获得成功所需的状态。

我训练的另一位运动员"钢铁麦克"钱德勒是混合武术冠军，也是前勇士格斗赛世界轻量级冠军。他在健身房里是个很积极的人，锻炼起来很卖力，和每个看到的人击掌。迈克全身心地拥抱

"冠军心态"，他把自己在八角笼里打得最好的那些时刻串起来，做成一个集锦回放，然后把这些精彩瞬间一遍又一遍地放给自己看。

芝加哥熊队的四分卫蔡斯·丹尼尔要求球队的摄像师准备一个3分钟的视频，内容是他的那些成功传球——1档10码、中排短传和传球助攻。看着自己每次都能成功投出，这在他的脑海中留下了一幅幅美好的画面，让他确信自己属于NFL。

当然，有时候四分卫扔出的球会被抄截；有时生活中的事情不会按着计划走；有时我们没有得到申请的职位，没有如期升职或签下心仪的合同。每次失败都会让人痛苦，但我们不要被失败打垮。

我听德鲁说过很多次，逆境就是机会。逆境只是一些好事的前奏，对此，我是有亲身经历的。即使现实与集锦里的内容相差甚远，我也会重新站起来，掸掉身上的灰尘，继续前行。

积极思考的力量

经验可以是一个很好的老师，想要转败为胜，就得先做到向前看。现在是时候积极地思考了。

但你是怎么积极思考的呢，托德？

一言以蔽之：注意你在醒来后的第一个小时里在做什么。

我已经提到过我是如何以"静心时分"开始一天的。你也应该考虑做同样的事情，哪怕只做15分钟。

在开始一天的工作前，阅读励志文学作品或把积极的想法记下来，这会提升幸福感，铺就通往成功的道路。

读书有很多好处：你常常能学到一些不知道的东西；能从前人身上发现如何处理事情和人际关系；能从别人的成功和见解中得到启发；还能憧憬更美好的未来。

我试着每天阅读30分钟。如果沉下心来看一本书，我可以在3天内把它看完，但通常自己需要几个星期才能看完一本书，特别是如果只是在清晨或深夜看的话。

我要坦白一件事：在我看过的书里，有一半都没看完。如果一本书我读了30页，都还提不起兴趣，或者不喜欢它的内容，就会马上停下来，然后去读下一本书。（我当然希望你在读完30页后还能继续读《心态至上》！）

我喜欢看什么类型的书？我喜欢读个人成长方面的书，关于健康、健身和体能方法方面的书或者是与商业有关的书。

在过去的20年里，我一直利用"静心时分"来阅读书籍，我可以向你保证，大量阅读给我的生活带来了真正的改变。这是我所知的学习新事物和寻找灵感的最佳方式。阅读能让生活慢下来，也是我们每天都要面对的快节奏世界的一剂良药。

如果你想以积极的想法开始自己的一天，那么就选择振奋人心、积极向上的东西来读。

你会很高兴自己这样做了。你的思想会开始改变，这就是一切的动力。

挥汗如雨的好处

一天刚开始，你能做的第二件重要事情是锻炼身体。我认为这是必须的，而不是可有可无的。我在苏珊·施纳贝尔·费尔格里夫悲痛欲绝的时候告诉她这一点，现在我也对自己的客户和运动员说同样的话。

好好练上一阵可以减少负面情绪、抑制抑郁和悲观的情绪，并减少不良的感觉。因为在剧烈运动过程中，身体会释放出让人感觉良好的化学物质。运动会使身体释放出诸如多巴胺、催产素、血清素和内啡肽等强大的化学物质，使身体和心灵都得到充实。

除此之外，儿茶酚胺、肾上腺素、去甲肾上腺素、氢化可的松和糖皮质激素等强效激素与大脑中的受体相互作用，使免疫细胞疯狂地涌入心血管系统。这些激素有助于保护身体免受疾病的侵袭，还可以缓解疼痛。运动可以帮你拥有良好的自我感觉，建立自信心，并协助抵御压力。运动不是可有可无的——如果你想拥有正确的心态，那么运动就是必选项。

在锻炼的时候，还能做像是听积极向上的音乐或播客这样有益的事，它们可以帮你获得良好的心态。你听自己喜欢的音乐时，大脑会释放大量的多巴胺，这种让你"感觉良好"的神经递质会使你拥有幸福和快乐的情绪。

想要获得良好心态，音乐是一种绝佳的资源。当我坐在车里，坐在飞机上，在酒店房间里闲逛，或者在健身房锻炼时，我会戴上耳机，听一些我最喜欢的曲目。我也喜欢听播客，这些播客的主持人都是我敬佩的人，比如牧师约尔·欧斯汀、里克·沃伦和T.D.杰克斯，还有领导力专家约翰·麦克斯韦尔、戴夫·拉姆齐和乔恩·戈登。人们也都知道我一直迷恋许多个人成长方面的硬核人物，比如托尼·罗宾斯、罗宾·夏尔马、珊达·桑普特和玛丽·弗里奥。

对闲言碎语说不

在Fitness Quest 10，还有一条铁律：不准聊闲言碎语。在员工会议上，我告诉自己的训练师和同事，不希望听到任何人说有关队友、客户或俱乐部会员的闲言碎语。我制定了"禁止闲言碎语"的规则，因为我们要确保健身房里的氛围始终是积极向上的。如果有人跟你说了别人的闲言碎语，不久之后这个人也会跟别人说你的闲言碎语的。

我也提醒在Fitness Quest 10里的每个人，如果你听了闲言碎语然后继续聊了下去，那你和讲闲言碎语的人一样，本身也就成了闲言碎语的一部分。我认为人们喜欢闲言碎语，是因为贬低别人会让他们自我感觉更好。传播小道消息和含沙射影没有什么积极意义。

我鄙视闲言碎语，我会告诉任何处于领导地位的人，只要听到闲言碎语，就把它扼杀在萌芽状态。说别人的坏话和闲话就像癌症一样——会让组织或企业无法存活。

我有锻炼时听歌和放松时听歌的习惯。如果我在健身，需要音乐富有动感些，就会听《洛奇4》的原声带、澳大利亚摇滚乐队或金属乐队的歌、美国说唱歌手的*Motivate*、谁人乐队的*The Elements*、*Baba O'Riley* 或埃米纳姆的*Lose Yourself*。如果心情很放松，那播放列表里就会有佛利伍麦克合唱团（*Fleetwood Mac*）①、*The Fray*②、克里斯·汤姆林（Chris Tomlin）③和埃里克·克莱普顿（*Eric Clapton*）④的歌曲。如果我在健身房里真的很兴奋，我就会把健身歌曲单曲循环好几个小时。

在Fitness Quest 10的场馆里，我们会播放活力十足的背景音乐，因为舒缓的歌曲并不能满足我的需求。在我们的场馆里也有几台大屏电视，但你永远不会看到任何新闻节目（美国有线电视新闻和福克斯新闻这种）。这种类型的节目会激起人们的情绪，而且还往往是负面的。我不知道你怎么能一边看着今天的恐怖新闻一边投入地挥动壶铃和举重。如果你正在做步进训练，在椭圆机上或跑步机上跑步，而你的运动设备上有个电视，那你就要谨慎选择看什么节目。选得不对，那你的心态铁定就得跑偏！

挥洒人生

结束此节之前，我想讲一个叫作贾斯汀·马克尔的年轻人的故事。他是学校棒球队二队的一员，在棒球场上很挣扎。有一天下

---

① 一支成立于20世纪60年代的美国乐队。——译者注
② 一支成立于2002年的美国摇滚乐队。——译者注
③ 当代基督教音乐流派（CCM）的一名著名创作型歌手。——译者注
④ 美国吉他手、歌手和作曲家。——译者注

午，贾斯汀问我可不可以去办公室和我谈谈。

我知道像他这样要求见面是需要很大勇气的。我的办公室就在Fitness Quest 10健身那一层的下面，所以肯定会有人注意到他进到我的工作场所。但我很高兴他确实向我提出了要求，因为我喜欢和青少年合作，让他们的心态和思维方式变得正确。

贾斯汀坐下来，深吸一口气，喃喃自语道："我滑坡滑得太厉害了。"然后，当他开始分享自己内心的想法时，泪水涌了出来。

"我没法摆脱自己的想法。"他说。"该我击球的时候，我的膝盖就开始发抖，脑子里想的全都是我要三振出局的画面。我觉得又焦虑又紧张。球棒也挥不顺了。一旦我没击中，我肯定就得三振出局了——然后我就出局了。我该怎么办？你能帮帮我吗？"

我建议他为自己做一个精彩时刻集锦，内容甚至可以包括在少年棒球联盟打球时的精彩瞬间。我让他回想自己在青训时打出的双打、三打和本垒打。然后，我们想出了一些"咒语"，当他走进投手圈的时候，他可以重复这些"咒语"，这样一来，他就感觉不到膝盖在发抖了。

贾斯汀喜欢的"咒语"是：撕了它，撕了它，撕了它。

把击球数、战况和比分全部抛诸脑后，只管念这个"咒语"："撕了它。"

他的思维方式就此发生了巨变！而他在棒球二队的表现也变得大为不同。他开始在本垒板上占据主导地位，漂亮地将球击向球场各处。我喜欢他在很多次比赛结束后给我发的那些短信，告诉我他在赛场上的表现和哪种战术是有效的。每条短信的结尾都有这样的标签：#我们能行。因为表现优异，贾斯汀实际上在赛季后期就被大学的球队给看上了。正是他转变的心态成就了亮眼的成绩。

赛季结束后，他又要求见我。这次当我陪他走进办公室后，他从背包里拿出了个小盒子。

"拿着，这是给你的。"他说。我拆开礼物，看到一个玻璃盒，里面有一个棒球。

我看了看那颗白得发亮的球。他在上面签了名，还加了这样一行字：

撕了它#我们能行

不管你是像贾斯汀一样16岁，还是26岁、46岁、86岁，坚持积极的想法总是会让你成为赢家。生活永远是一场有关心态的战斗，但如果能调整好心态，你就能表现出最好的状态。

一切都很重要。你看什么，听什么，和谁一起玩，每天对自己说什么话。每一件事都重要！

所以，让我再说一遍：

一切都从你的思维方式开始，因为你的思想化为语言，你的语言化为肉体，你的肉体化为行动，你的行动化为习惯，你的习惯化为性格，而你的性格则最终化为了你的建树。

记住这句话。当你这样做的时候，你的心态就会前所未有地正确！

生活需要你克服障碍

衡量成功的标准不是看一个人在生活中达到的地位，

而是他在努力成功的过程中克服了怎样的障碍。

——布克·T.华盛顿（Booker T. Washington），

作家和美国总统顾问

2012年夏天，我整个人都不好了。

那是6月26日星期二的早晨，我接到了朋友大卫·戈弗雷的电话，"你听说了吗?"他问。

呃。"什么?"

"锯人①今天早上骑摩托车的时候被车撞了。他走了。"

"什么'他走了'?"

"锯人死了。"

我惊愕得说不出话来。停了很久，我才终于发出了一声尖叫："不……!"

锯人是我最好的朋友，也是我1997年从马里布搬到圣地亚

---

① 作者给肯·索耶尔取昵称为锯人，因索耶尔（sawyer）在英文中还有锯木匠的含义。——译者注

哥后的第一批客户中的一个。现在他走了。我无法想象没有他的生活。

锯人50岁出头,生活多姿多彩,绝不会无所事事地坐在沙发上。他性格开朗、有趣,有非常积极的人生态度,他和我一起训练更多的是出于友情,而不是为了六块腹肌。

第一次见到他时,我刚刚和圣地亚哥教堂湾希尔顿度假酒店及水疗中心签了个协议,在他们的场地上举办一系列的"新兵训练营"活动。他和其他5个人——他们开玩笑地把自己叫作"美男子俱乐部"——每周三早上6:30都会来我这儿做举重和力量训练,让他们的臀部变得更有型。

我们认识的时候,肯已经快40岁了,已婚,有两个孩子,肚子上有20磅赘肉。他喜欢被逼到身体的极限,喜欢听我对他吼道:"把你的心态调整好!"甚至在周六的早上他还要再来让自己受点儿苦:此时是不同的训练营课程,会有更多的跑步、健身操和竞争性游戏内容,就像橄榄球集训营里的各种活动。

肯从来没错过一次训练。不管是下雨、泥泞、冰雹或是圣安娜的热浪,都不能阻止他每周三和周六上午出现在那里。我们成了最好的朋友,肯成了我最得力的支持者。我很喜欢这家伙。他是我最好的参谋,我完全信任他,可以跟他分享自己的梦想、恐惧和未来。

有一次,我告诉肯,在我的余生,我想做些比搞训练营更大的事,所以我去圣地亚哥州立大学读研究生了。我解释说,虽然可以成为一名人体运动学教授,但不太确定是不是想进入学术界。

"或者我会开一个自己的健身工作室，"我试探着说。"在那里我可以激励别人达到巅峰状态。我真的想给人们的生活带来改变。"

锯人点了点头。"托德，你应该这么做。你会做得很不错的。我觉得你肯定能成功。想想看——托德·德金，健身工作室的老板。听起来不错哟。"

我牢牢地记住了这些鼓励的话。

1999年夏天，我与梅兰妮跨过了科罗纳多大桥，并对她说自己拒绝了峡谷学院有关教授一职的邀约。此后不久，我就开始更认真地考虑开一家健身工作室，在那里我可以做私人训练和按摩治疗。

我当时住在布道岭，这是圣地亚哥市中心附近的一个不错的社区，可以俯瞰林德伯格机场。我注意到几个街区外有一个600平方英尺①的商业空间正在寻租。我要求去看一下。我和我的客户在一个9米×6米的工作室可能没法儿活动得太开，但这是我在经济上能承受的最大场地了。

租这么小的一个场地，都会把我的账户余额清零。

一个周六的早晨，在教堂湾的沙滩上打完一场激烈的橄榄球集训营比赛后，我把在布道岭看到的场地对肯说了。

"有多大？"他问。

"600平方英尺。"

我可以看到"反对"两个字都写在他脸上了。"你在跟我开玩

---

① 1平方英尺约为929平方厘米。——译者注

笑吗？你不会真去租那个场地吧？那个场地就是个放扫把的地方，得租大点儿的。你只要开张一个月，那地方就装不下了。"

"但要是场地再大的话，我就得把一切都搭进去，"我抗议道。

肯打断了我的话："把一切都搭进去？你搭进去什么了？你开的那辆破破烂烂的沃尔沃？"

他说中了我的心思。我是一个28岁的单身汉，和两个室友合租一间便宜的房子。我唯一的有形资产，就是一辆12年的沃尔沃（富豪）740四门轿车，天鹅绒车顶已经被撕开了。这辆车的车身上布满凹痕，已经跑了12万英里，价值应该不会超过1000美元。

锯人还没说完："如果你要开馆，就得找个更大的地方。哎呀，反正你也没什么损失嘛。你的钱连给那辆破车加油都不够了。"

我笑了起来。我喜欢大实话。

我没有租那块场地。

偏远之地

几个月后，我所在研究生院的一名教授给我介绍了个健康博览会的工作：博览会的举办地位于圣地亚哥郊区斯克里普斯牧场。她说，我可以把这个写到论文里去，即探讨按摩疗法对压力和焦虑产生的生理和心理影响。

斯克里普斯牧场？我觉得那儿实在是太偏僻了。牧场位于布道岭西北方向，距离布道岭约20分钟车程，距离米拉玛海军航空站只有几英里，《壮志凌云》里面的那些飞行员就是在那里训练的。在开车去那里的路上，我注意到15号州际公路东边有很多的山艾树。当我下了高速，斯克里普斯牧场出现在了眼前，一个坐落在茂密桉树林中的漂亮社区。

我在健康博览会上为参观我们展位的人做椅上按摩治疗。当我在收拾东西的时候，一个中年妇女走了过来。"你知道这附近有普拉提培训机构、瑜伽馆或者健身工作室吗？"她问。

我笑着说："很抱歉，女士，我现在自己都找不着方向，更别说帮你找地方做普拉提、健身或瑜伽了。"

但我忽然有了个想法。这么好的地方怎么会没有普拉提培训机构、瑜伽馆或者健身工作室呢？

健康博览会结束后，我开车在斯克里普斯牧场绿树成荫的街区转了一圈。我迷路了，在路边偶然发现了一个商业区，我把车开进停车场，发现二楼有一个空出来的场地。窗户上贴着"出租"两个字。

我决定来试试自己的运气。我把车停好，走到楼上，看着那个空荡荡的场地。牌子上写着有2000平方英尺的空间可以出租，上面还有个电话号码。

我冷静了一下。为什么要在荒郊野岭开家健身馆呢？

我开始往回走，但没走几步又停了下来，然后转过身，再朝那儿看了看。这回我看到的是我的未来。

自从我放弃了位于布道岭的那个600平方英尺的场地后，我就越来越想开一家自己的健身工作室，可以同时做私人训练、普拉提、按摩治疗和瑜伽。我坚信自己可以帮助其他人来恢复或改善健康。我有治愈严重背伤的亲身经历，而且在过去的5年里，我一直师从州里最好的健身导师。

我记下了电话号码，因为1999年我还没手机。回家后，我给租赁代理打了个电话，描述了开个健身工作室的想法。他完全听不懂我在说什么。20世纪90年代末，还没有健身工作室。

"所以你算是理疗师？"他问。

"算是吧。我是一名理疗培训师，也做按摩治疗。我想开一家工作室，人们可以来我这儿做一对一的训练，接受按摩疗法，或者是做瑜伽和普拉提。"

3个月后，也就是2000年1月，我的场馆在斯克里普斯牧场开门营业了。谢天谢地，我谈妥了租约，头3个月是免费的，因为除了少数几个找我做按摩治疗的人，我还没有其他客户。我把场馆叫作"Fitness Quest 10"。

名字中的数字"10"指的是我们对事物的评分方法，从1到10，10是满分——我希望我的场馆能拿满分。另外，"10"也是我从小穿到大的球衣的号码；我在每一项运动中都穿着10号球衣。作为8个孩子中最小的一个，加上爸爸妈妈，我们家也正好有10个人。凑巧的是，我妻子的生日是某个月的10号，还有，我的3个孩子中，有两个的生日也是某两个月的10号。可以说，10就是我的幸运数字。

还有，如果不是因为锯人，Fitness Quest 10就会一直只是一个梦。在那场毫无意义的悲惨事故之后的追悼会上，我一边在众人前追思着肯，一边想着这一切。一辆汽车违规掉头，撞上了锯人，当时他正骑着电动摩托去一个朋友那儿晨跑。

"当我开始在酒店宴会厅里做有数百人参加的大型锻炼课程时，肯就是那个为我加油的人，"我说。"他会告诉我，'托德，干得漂亮。让他们好好看着，燃爆全场吧。'"

失去他让人痛彻心扉。在他的追悼会后的好几周里，我一想到再也见不到他灿烂的笑容，听不到他的闲聊瞎扯，就泪如雨下，怎么来弥补这样的损失？我太想他了，根本没法摆脱低落的情绪。如果当初没听锯人的建议，没租个更大的场地，我现在又会在哪里？

如果Fitness Quest 10没开张，我就永远不会训练像拉达尼安·汤姆林森、德鲁·布里斯或戴伦·斯普罗尔斯这样的NFL运动员，永远不会写出3本书，永远不会在世界各地的各种企业活动中向成千上万的人演讲，永远不会出现在NBC的真人秀节目中，也永远不会成为我挚爱的行业的领军人物。

我们都在旅途中

我们都在旅途中。无论你遇到什么挫折，都不要将其当作你三心二意或不直面挑战的借口。这是我从小就必须学习的一点。我分享自己的故事不是为了给你留下深刻的印象，而是想让你明白，我们在生活中都需要克服困难。

我是在一个破碎的家庭中长大的。我的父亲保罗和母亲玛丽·德金在我五岁的时候离婚了。在我整个小学期间——一个孩子的身体、智力、情感和社会能力的巨变期——父亲消失得无影无踪。

我们本应是标准的美国式家庭。我的父母是20世纪40年代末在新泽西州奥兰治市的谷地圣母中学认识的。他们在1950年大三的时候开始约会。毕业后，我的父亲开始在纽约长岛的一家制造公司工作，而我母亲则去了护士学校。

他们1955年结的婚，当时他们都是22岁。在那个年代，爱尔兰天主教夫妻都要生一大堆孩子，我的父母在这方面也没闲着。先生了2个男孩，斯蒂芬和保罗，接着又生了5个妹妹——帕蒂、帕姆、玛丽·贝丝、朱迪和凯伦，然后是我。这么算起来，在15年里，一共生了8个小孩。

爸爸把这一大家子人安顿在布里克镇，这里是泽西海岸更偏南的位置，因为离纽约市更远，所以房价更便宜。我父亲要花两小时去长岛，他是那里一家生产白炽灯泡、加热元件和挡风玻璃雨刮片的制造厂的经理。他上下班得来回170英里，这意味着他早上6点就要出门，经常到晚上8点才回家。在我上学前班的几年里，我没怎么见着他。

妈妈基本上是一个人在拉扯8个孩子，而当他在家的时候，妈妈的沮丧之情就会爆发出来。他们经常吵架，最后日子完全没法过下去了。离婚后，爸爸搬到了科罗拉多州，在丹佛找到了新的工作机会。

爸爸的离开带来了巨大的伤害，我在家里和学校都敏锐地察觉到了这一点。不过，还有另外一种力量塑造了我，这种力量的来源就是身为这个大家庭最后一个出生的小孩——"小乳猪"，别人经常这么叫我。当然，儿童心理学家会告诉你，家里最后出生的孩子一般喜欢交朋友，外向，主动，也很知道怎么跟人打交道。但是，我们也得穿别人穿剩下的衣服，被别人欺负。

我得在操场上自己去争取自己的位置，而在学校食堂里，我还得跟那些接受"午餐补助"的小孩站成单独的一行，去领一盘食物和一盒牛奶，因为我们家符合接受公共援助的条件，这种尴尬我也得忍着。当我环顾自己的同学，他们穿的鞋子和衣服看起来可不像我身上的，被洗过几百次了。

我就是那种经常打架的小孩。他们叫我"硬汉托德"，因为我放学后会去公交车站找人打架。要是有人嘲笑我或给我摆出一副臭脸，我就用拳头去教他们做人。我相信五岁到十岁这个期间，我心里始终都憋着一股火。

但当老爸回来后，一切都变了。我上小学四年级的时候，父亲搬回了布里克镇，与家人重新建立了联系。他会有很多时间来陪我，因为我的哥哥、姐姐们要么上大学去了，要么已经开始了自己的事业。

位于湾头附近的圣心教堂周六晚上5点有一场弥撒。爸爸会接我去教堂，这是一个非常好的亲子时光。其余的时间他都在看台上或站在场边，为我的训练和比赛加油助威。我非常喜欢运动，秋天打橄榄球，冬天打篮球，春天打棒球。伴着他在我耳边说的那些鼓励的话语，当裁判吹响起跑哨或棒球裁判大喊"进行比赛！"时，我就会闪耀全场。成为球场上或体育场中最亮眼的一颗星，这大大地提升了我的自尊心。

到我13岁时，我开始考虑在高中搞什么运动了。我想明白了，如果想事业有成，那就必须用我自己的方式上高中。对一个八年级的学生来说，这意味着在布里克镇高中的校橄榄球队里打四分卫，这个队由可敬的沃伦·沃尔夫执教，他在新泽西州橄榄球圈是一个传奇似的存在。如果我打得好，传球技术也不错，我就有可能获得奖学金到大学里去打橄榄球，学费都能免了。

而我也就真的得偿所愿了。我赢得了奖学金，并在威廉玛丽学院打四分卫，这是橄榄球1-AA级学校，还在大四时当上了球队队长。但更重要的是，我受到了良好的教育。我主修运动学，这为我现在从事的工作打下了基础——训练专业运动员，激励健身工作室的老板和经理，在企业活动和商业研讨会上发表主题演讲，并参加各种国际健身会议和活动。

在我的大学时代，最美好的事情之一就是每天都能收到老爸手写的信件（当然，除了周日）。他的信里会有一两行简短的鼓励之词——"淡季继续努力，你会感谢自己"——还有他从我们家乡的报纸《阿斯伯里公园报》上剪下来的新闻。

然后，我就遭遇了生命中最艰难的一个时刻，当时觉得自己像是被雷劈了。1992年2月18日，姐姐凯伦打电话告诉我，爸爸犯了严重的心脏病，看起来只有几天的时间了。那天我从弗吉尼亚州飞回位于新泽西的家，火速赶到医院，在那里见到了他，并和他做了最后一次祷告。第二天清晨，也就是1992年2月19日，我父亲去世了。他当时只有58岁。

他的离世让我彻底垮了。在那之前，我的生活可以说是顺风顺水，但如果要问，在那个时间点上，我最不想失去谁，那这个人就是我的父亲，他对我来说是一位不可思议的导师。我无法相信他已经走了，也无法相信再也收不到他寄来的信了。

他的离去对我造成的深刻影响立即显现了出来。我承认，当时情绪低落，郁郁寡欢。坦白来说，他把我所有的运气、信心和信仰也一起带走了。在那之前，我从来没有怀疑过自己的信仰，但在他去世后的那几周里，我对此产生了怀疑。

葬礼之后，我没有离开家，只是开着车又去了一遍我们父子俩一起去过的那些地方，比如海洋林的大礼堂和欢乐角的水湾。我坐在车里，想象着他坐在自己身边，说着充满智慧的话语，然后就会哭起来。

就这样泪眼婆娑地过了几周，我无法摆脱这种感觉：没有父亲，生活的感觉就彻底变了。

不过，爸爸去世三周后，他的声音在我脑海中响了起来。他对我说，是时候重新站起来，回到学校里去了。我就在你身边。

我确信这是他在对我说话。

爸爸告诉我的是，悲伤有时，疗伤亦有时。尽管我心中还是悲伤，也没有从他突然的离去中恢复过来，但现在是时候开始试着重新生活了。

我又回到了弗吉尼亚州的威廉斯堡，在耽误了几周后，我重新在自己的宿舍安顿了下来，同时又去看了看一楼的信箱。除了那些垃圾广告，还有一封信——老爸寄的！我看了看邮戳。这封信是在他心脏病发作的前一天寄出来的。

这感觉就像是听到了他从天堂传来的声音：

托德：

生活中做什么不重要，只要你快乐就好。不管是做老师还是教练，或是一个医生，一个政治家，一个运动员，抑或是一个商人。无论你选择做什么，都要全心全意、全力以赴地去做。让人们的生活有所改变，并获得快乐。

记住，生命是非常宝贵的，时间是我们最重要的财富。一定要合理地利用它。无论你做什么，我都会爱着你。你会成为什么样的人，产生什么样的影响，这才是最重要的。

爱你的

爸爸

在我20来岁的时候，这些话就是我前进的动力。我最终还是找回了信仰，但即使这么多年过去了，父亲的突然离世仍然在很大程度上影响着我的生活。他是我最得力的支持者，最大的粉丝，也是对我最有影响力的导师。他不仅弥补了5岁到10岁期间没能陪伴在我身边的遗憾，而且也投入了巨大的精力来助我成长。我们在一起的时候，他总是想方设法地鼓励我，不在一起的时候，他每天都抽出15到20分钟的时间，把当地报纸上的新闻报道剪下来，自己再写点儿东西，然后每天下午投到信箱里寄给我。

你呢？如果今天有人让你分享自己的故事，你会分享什么故事呢？你是已经找到了自己的人生道路？还是在努力应对生活对你的欺骗？你是否在期待意外的发生？生活中总会有些不可预知和无法预料的事情发生的。

我发现，许多人对自己的能力和能做到的事情抱有怀疑——我将其称为信心受限。这种消极的心态让他们最终无法达到自己应有的状态。

在我成年的过程中，当然也出现了信心受限的问题。当父亲离开我们后，为了让我们住在一起时吃穿不成问题，母亲加班加点地工作。她是一名私人值班护士，只上零时班，这样她就可以在我们放学回家的时候为我们做顿丰盛的晚餐。不知道为什么，老天爷对我们发了善心。我不知道妈妈是怎么做到的，但她是最坚强、最可爱的女人。她从这艰苦的生活中幸存了下来。

不过，我们算是"穷忙族"，这让我有些自卑，而我花了很多年才将其克服（那种自卑情绪有时还会出现，不过这时候有点儿自卑情绪正好）。尽管如此，多亏了像我父亲这样的导师、我的高中橄榄球教练沃伦·沃尔夫、商业教练韦恩·科顿和我的妻子梅兰妮，也多亏了自己重拾信仰，我现在已经能战胜生活中的各种逆境和挑战了。

有什么是你必须要克服的吗？如果有，是什么阻碍你过不了那个坎儿？你能做些什么来继续生活下去？

我发现，能够与你信任的人——配偶、亲密的朋友或自己视为导师的人——探讨这些问题，可以让一切变得不同。事实上，我们都需要一个可以用来倾诉和依靠的核心朋友圈。在你的生活中，你有一个像锯人那样的朋友吗？

我不敢想象，如果没有像肯·索耶这样的知己，我的生活会是什么样，所以要花时间去经营友情。当你这样做的时候，你会发现他们也会投桃报李的。

成功之路

那么，在生活中，有什么方法可以让自己保持前进的动力，有什么方法可以保持自己的有限信念呢？可以考虑考虑下面的这些方法：

- **己所不欲，勿施于人**。是的，这是黄金法则，你可能以前听说过。当你以尊重、同情和同理心对待他人时，他们可以从你身上看到这一点，那么你的生活就会有价值。而当你表现得像个混蛋或说一些刻薄和尖刻的话时，人们也会记住你的言行。你首先得做一个好的倾听者。是的，想要听明白别人在传达什么信息，这个需要花点儿工夫，但你难道不希望对方也能认真听你说什么吗？

● **做一个好的倾听者，要愿意倾听不同的声音。**如果我敷衍锯人，或者觉得他管好自己的事就行了，我真的不敢想象，在那种情况下，自己的生活会是什么样子。我本可以对他说："我自己做就行了。"但我把他带进了自己的决策过程。听完我的话，他就指出了一个显而易见但我没有察觉的问题：如果我的梦想是改变人们的生活，让人们变得更加健壮，那么一个五十几平方米的场地就显得太小了。

● **敢于梦想，然后再用逆向工程的方式实现梦想。**我在第一章说过敢于梦想，让我给你回忆一下演员克里斯托弗·里夫死前说的话："我们的许多梦想起初看起来是不可能的，接着它们会看起来是不切实际的，但当我们鼓起勇气去实现它们的话，它们很快就会是必成的。"

请注意"鼓起勇气"这个词。这意味着你只有心正，才能事成。你是在等待机会或好运砸到你脑袋上？还是你在想怎么迈出第一步？记住，每天的目标是让你的成绩提高1%，或者缩短与目标间1%的距离。我每天都在健身房里宣扬这句话。

当我说"逆向工程"时，指的是人们把一个物体拆开来看看它是如何工作的，以便复制这个物体。若你的梦想很宏伟，那就必须弄清楚要实现它需要先达到哪些小目标。一旦这样思考了，你就可以开始朝着正确的方向迈出一小步。实现你的宏伟目标的第一步可能是报名参加一个研讨会、读一本书或听一个播客。

今天就像这样迈出第一步吧。

● **创建一个路线图。**2005年，在我开了Fitness Quest 10五年后，也是在我失去锯人的7年前，我决定用这种10厘米×15厘米的索引卡做一张意向卡。我所做的是写下自己生命中的7个打算。

我在这张意向卡上分享对未来的想法，因为自己正站在人生的一个十字路口。Fitness Quest 10的278平方米场地对我现在的业务量来说也变得不够了，我需要更大的场地。锯人很喜欢拿这个来取笑我。

但如果再租一个460平方米的场地，每月的成本又要增加10000美元。我从哪儿拿钱来付这笔费用？

在我的索引卡上，我写下了7个打算以及实现这些打算的可能之法：

1. 以每月1000美元的价格卖10个会员，由我亲自为这些人提供健康和生活方面的指导训练。

2. 为那些想要获得更多成功的健身达人成立一个智囊团。

3. 寻求一家大型服装公司的赞助。

4. 启动健身房会员计划（当时我们只安排了私教的一对一课程）。

5. 将零售额提高到每月1000美元。

6. 制作一套包含7张DVD光盘的运动效能培训系列视频。

7. 预定5场演讲活动。

无论我走到哪里都带着意向卡。上面列出的各项事宜都取得了进展，但后来在第三件事上出现了意想不到的变化，它变成了：我希望Fitness Quest 10能得到一家大型服装公司的赞助。

首先，我没有任何一家服装公司的联系方式，所以我不知道从哪里开始。然后，在2006年秋天，德鲁·布里斯从肩部大手术中恢复了过来，复出的表现出色。当时他正在我这里接受训练。德鲁带领圣徒队在赛季里取得了10胜6负的战绩，这也让新奥尔良队在6年来首次进入季后赛。他还第二次入选了职业碗，那是当时每年二月初在檀香山举行的超级碗之后举行的NFL全明星赛。为了感谢我帮他在NFL重振雄风，德鲁让我和梅兰妮去夏威夷跟他和他的妻子布列塔尼一起在和煦的阳光中聚聚。

一天下午，我站在NFL全职业队的训练场边，看着德鲁和职业碗球员们训练，无意中听到两个人的对话。其中一个人在谈论安德玛——这是他供职的公司，我听说过这家公司。他们是一家充满前途的新兴运动服装公司，以生产超细纤维吸湿T恤著称。我没有忘记，我的那些打算中，有一个便是得到一家大型服装公司的赞助。

在空闲下来的时候，我把自己介绍给了比尔·汉普顿，他是安德玛的创始人兼首席执行官凯文·普朗克的得力助手之一。20世纪90年代中期，当普朗克还是马里兰大学的后卫和精英队的佼佼者时，他就很讨厌在训练和比赛中肩垫下的棉质T恤被汗水浸透的感觉。毕业后，普朗克决定用合成材料制作吸湿衬衫。他将公司命名为安德玛，并开始在汽车后备箱里销售服装。到了2006年，安德玛公司在运动服装界真正崭露头角。

在夏威夷明媚的阳光下，我就对比尔直说了："我有一个改变世界的愿景。我们能不能找个时间见面？"

这位安德玛公司的高管很有诚意。"当然可以，明天早上8点一起吃早餐，如何？"他问。

我在酒店房间里彻夜未眠，写了一份关于如何改变世界的详细计划，而整个计划的起点就是Fitness Quest 10。比尔很喜欢我的计划，并把我的计划拿给凯文·普朗克过目。几个月后，我们就成了第一家与安德玛合作的训练机构。

如果我没有把它作为一个打算写下来，那这份赞助协议就不会签，这就是为什么路线图如此重要。正如洋基队伟大的球员尤吉·贝拉有一次说的那样："如果你不知道自己的目的地，就得很小心了，因为你可能到不了那里。"

● **不要那么快满足**。有人说，要想一夜成名，得努力很多年。从托马斯·爱迪生到亨利·福特，从史蒂夫·乔布斯再到凯文·普朗克，再到像Spanx[①]的创始人莎拉·布雷克里和王雪红——她的公司生产的HTC智能手机占全球市场30%，他们的成功都来自努力、坚持、学习和牺牲。

当Fitness Quest 10开业时，并没有宾客盈门。它的客户群是靠着时间累积起来的，特别是专业运动员客户群。同时我还花了很多年到处演讲、写书以及在企业界做主题演讲。

而且无论你经历了多少成功，总是有更多的东西需要学习。我

---

① 美国一家生产女性内衣为主的公司。——译者注

发现时下在为社交媒体（如Instagram、脸书、YouTube和播客）制作内容时，都得花时间重新学习。我愿意花时间去学，因为我知道这有利于长远的发展。

- **不要忘了，活着就有风险。**无论你做什么，你都不是绝对安全的。是的，谨慎很重要，但人生总是存在一定的风险，所以你得愿意在把能做的都做完之后承担冒险。话虽这么说，我在收集了所需的信息后，会进行自省和祷告，以便做出明智的决定。

- **最后，尽可能地施与他人。**2012年10月29日，飓风"桑迪"咆哮着冲进泽西海岸，摧毁了新泽西州和纽约州60多万套住房，造成700亿美元的损失。一夜之间，超过800万人没法用电。

桑迪在大西洋城登陆，给大西洋沿岸的海滨社区带来了巨大冲击，包括我在童年时的家乡布里克镇。不管是大厦还是平房，最后都成了一堆混着砂砾和海水的木料堆。

我觉得自己必须为这些老邻居做点什么，所以我在飓风"桑迪"结束之后成立了一个基金会，为大学奖学金筹集资金，帮助像我这样高中毕业时没人在乎的贫困运动员学生。我想重点资助那些受自然灾害影响的人，以及那些遭受儿童肥胖症、癌症和心血管等疾病折磨的人。我把它称为德金影响力基金会。

在过去的7年里，我们捐赠了超过25万美元的奖学金，帮助40多名年轻男女实现了上大学的梦想。通过帮助这些人，我的灵魂得到了升华，我变得更加愿意帮助他人克服生活中的悲剧和困难。

　　我们会在人生中面临磨难、障碍和挫折，这是必然的。但我发现，坚韧的性格和不屈不挠的精神会助你不断前进。无论面临什么挑战，都要坚持到底，提醒自己每天进步1%，这会表明，你比自己设想的更勇敢、更能克服障碍、更有毅力甚至更具创造性。

　　这就是我所说的克服障碍的意思。当你一步一个脚印向前走，生活就会变得更好。你所做的不只是挨过这些难熬的日子，实际上，你会通过这种历练获得崭新的世界观，因为那个时候，你已经摆正了心态。

第二节
使出绝招
Quarter 2

　　要摆正心态，关键是要养成强大的习惯，采用最佳的做法，并建立一定之规，这样你就可以掌控自己的时间、精力和注意力。执行计划需要高度的纪律性。接下来就讲讲怎么做到这一点。

习惯决定成败

自律是目标和成就之间的桥梁。

——吉姆·罗恩（Jim Rohn），作家、企业家

在Fitness Quest 10里，我们称之为"凌晨5点俱乐部"。

每个工作日，在太阳升起前，健身场馆的总经理杰夫·布里斯托尔和运动效能教练杰西·迪特里克，都会带领一群人做一小时高强度、高水平、让人汗流浃背的锻炼，这些人包括公司经理、销售人员、技术人员和睡眼惺忪的高中生。我亲眼见过这些人锻炼得有多卖力。当世界上90%的人——这个百分比也不完全是瞎猜的——都在被窝里呼呼大睡时，他们这群人却在这里挥汗如雨。

要想把心态摆正，最好的办法莫过于天亮前起床，健身，练练肌肉，让心脏跳得快点儿，改变一下自己的生理机能。我有这样的感觉，可能是出于身在其中的偏见，但研究表明，当你动起来的时候，尤其是早上一起来就运动，你身体中的荷尔蒙水平就会出现明显的变化。我一直相信，身体里分泌的内啡肽（一种由神经系统自然产生的化学物质）就可以缓解压力和钝痛，让你一整天都精力充沛。

我向那些在破晓时分便来到健身场馆锻炼的人致敬，他们是凌晨5点俱乐部的一员。一旦锻炼了，效果就会印在你身上永远无法磨灭。我想说的是，这些年的经验告诉我，如果你在上班前不锻炼，那这一天大概率就不会再锻炼了。生活中会发生很多事：孩子生病了，项目出问题了，拥堵的交通让晚上的通勤时间增加了一倍，在你反应过来之前，一天就已经过完了，而如果你要精简日程安排的话，首先被开刀的就是锻炼。

清晨在健身房锻炼一下，或者是伴着升起的太阳，在社区里散步或慢跑20分钟、30分钟或40分钟，这能让你头脑更清晰，工作时注意力更集中、更有活力。而且不骗你，你会更快乐。

作为了解世界顶级运动员日常训练内幕的人，我有信心说，好的习惯能助你摆正心态。要记住下面几件事：

● 首先，承诺做一件事，当你开始做的时候，就坚持下去。很多人在生活中都没有做出过任何承诺，只是随波逐流而已。要不就是太忙了，只有时间做最基本的事情——起床、上班、回家、睡觉。也许有几个例外吧：和工作团队一起快乐地消磨时光，或者周末在你最喜欢的小啤酒坊和朋友见见面。

为了拥有更好的明天，你现在先得做出承诺，承诺让自己变得更好。这个承诺是摆正心态的关键一步。在健身领域摸爬滚打了30年，我深刻体会到，通往健身房的道路是由良好的愿望铺就的。而一旦人们踏进健身房，那么不管是什么时候去的，他们都会庆幸自己去了健身房。

● 做一个恒温器，而不是温度计。温度计只有一个目的，就是指示环境的温度。如果外面很热，温度计会告诉你温度是30度还是接近40度的高温。如果寒气逼人，这你自己也会感觉得到，但这就是温度计的目的——反映你周围的情况。

不过，对于恒温器来说，它的作用就是调节环境温度。当你把恒温器设置到一定温度后，如果需要降低或提高房间的温度，它就会给空调或加热器发送工作信号。多热或多冷是由你来决定的，你可以控制温度。

你要成为生活中的恒温器，要随时监测周围的环境并进行相应的调整。影响你周围的环境，而不是受其影响。当你表现得像个恒温器时，你就成了决定环境温度的人。

- **准备好做些不同寻常的事情。**凌晨5点俱乐部的成员都是无名英雄。那些在4：30被闹钟叫醒，往脸上泼点儿水，穿上衣服，在计划的时间动身出门锻炼的人，没人给他们举行盛大的欢迎仪式。

要想成功，就得在无人知晓之处默默地做出牺牲。但和那些早起锻炼的人聊聊，他们会告诉你，这样做的好处不言自明。他们之所以能摆正心态，就是因为他们决定要做些事情来改善自己的生活，并将这些想法付诸行动。

- **记住，在汗水面前，若不努力，天赋一钱不值。**我在前面提到过，自己和新奥尔良圣徒队的四分卫德鲁·布里斯合作了将近16年。在这段时间里，我从未见过德鲁在训练馆里畏缩不前。他总是说想成为屋里练得最猛的那个人，而他每次在Fitness Quest 10里训练时，确实也做到了这一点。

你在健身上花了多大的精力？有没有像我们在健身房里说的那样，有时候你会"少做一组"？惰性会让你付出大大小小的代价。健身的时候懒懒散散，意味着你无法达到健身目标，并会被你的同龄人甩在身后。

在健身房里奋力拼搏，你就永远是那里最努力的人。

如果你从来没有被推着向前走，那就去报名参加私教课或者参加团体运动班，看看你缺少什么。

● **做一个有规律的人。**那些健身表现得最好的人通常都是计划性很强的人。他们知道自己今天、明天和在可预见的未来要做什么，因为他们已经计划好了。他们承诺参加凌晨5点俱乐部，加入当地的自行车俱乐部，每周六早上骑车，或者每周上3次健身教练的课。

建立一定之规，实际上就是养成某些习惯或行为模式，尽管你可能没意识到。如果你的生活中有太多的坏习惯，比如不锻炼、吃垃圾食品或者熬夜玩电子游戏，它们会像花园中疯长的杂草，将你的生活淹没。

所以，我来问问你：你有什么样的习惯？哪些习惯在你的生活中占据主导地位？我之所以这么问，是因为很多人都不知道，自己已经陷在坏习惯中无法自拔了。他们每天早上起床，趿拉着鞋走进厨房，打开咖啡机，然后开始洗澡。然后一边穿衣服一边喝着咖啡，抓起一碗冷麦片，最后冲出家门，加入激烈的社会竞争。当一天的工作结束后，他们开车回家，吃晚饭（要么在快餐店，要么直接从微波炉里拿出来），一边看电视，一边查看社交媒体，然后伴着《吉米今夜秀》进入梦乡。

我知道这样说是概而论之，但问问你自己，你有这些习惯吗？如果你能养成新的生活习惯，摆正心态，生活就会变得多姿多彩。

● **不要忘了，养成新习惯是需要时间的。** 人们常说，养成一个新的习惯需要21天。我一直对此表示怀疑，因为我亲眼见过需要花多少时间才能让人们真正地养成一个新的习惯。那个时间可比21天要长得多。

"21天养成一个新习惯"这句格言来自20世纪60年代的一本畅销书，作者是一位整形外科医生麦克斯韦·马尔茨，他注意到病人要花大约3周才能看习惯自己的新面孔。这本名为《心理控制方法》的书卖出了3000万册，影响很大，但很多人都忽略了马尔茨博士的主要论断，即旧的心理形象至少需要21天才能消解，新的形象才会出现。

很多人质疑马尔茨的论断。我听了领导力专家罗宾·夏尔马的一个播客，他说需要66天的时间才能形成一个有关新习惯的脑回路。我觉得所需要的时间更长。养成让自己成为冠军的习惯是件很辛苦的事。3周的时间不够长。

话虽如此，你们可不要被我的话吓倒了。不管是几周还是几个月，时间真的不重要，不管你用了多久来建立良好的习惯和健康的生活方式，能做到才是最重要的。采取必要的步骤，打破无聊乏味的生活节奏，开始养成能够调整心态的好习惯，这才是最重要的。一旦你的心态焕然一新，你就会发现更容易改变自己了。

那么咱们就来说说，怎么点燃激情，由此点亮整个生活。

晨间例行之事

- **在太阳升起前起床。**先别急着把这本书合上或关闭Kindle电子书，听我把话说完。我说的是，在忙碌的一天开始前，规划一些总时长60到90分钟的晨间例行之事，包括"静心时分"、锻炼、洗个澡和一份健康的早餐，然后再开始这一天。如果必须在早上6点半整装待发，这就意味着得早上5点起床。如果早上8点前不用出门，那早上6点半起床就行了。

如果没别的事，在太阳升起前起床，花15分钟去散散步、练瑜伽或做些呼吸训练。你的身心会感谢你的努力，你的能量也会被唤醒。

- **醒来后不要马上打开手机。**我把我的一天中头一个60分钟称为"神圣时光"——在这段时间里，我会叫醒我的思想，活动身体。我会元气满满地准备来主宰接下来的一天。我希望你也能有自己的"神圣时光"。

如果在做完晨间例行之事前看手机，就很有可能根本做不完这些例行之事。只需一眨眼的工夫，半个小时就没了，而你连一件事都还没做，甚至连身都没热。更重要的是，如果直接开始回复邮件，浏览最喜欢的新闻网站，查看最新的Instagram帖子得了多少点赞，那你根本没法先把心态调整好。当开始看手机或者睡眼惺忪地打开笔记本电脑的时候，你就已经在高负荷运转了。

- **写日记，能够让你静心，并确立目标。**当我结束祷告后，就会拿起日记本，在皮制日记本的空白页上写下最隐秘的心声，记下需要提醒自己的内容，并勾勒出未来计划。我之所以选择昂贵的日记本，是因为，如果日记本外面看起来与众不同，那么我写在里面的东西也会与众不同。

如果你愿意，当然也可以用便宜的螺旋装订的笔记本。要花些时间来整理思绪，把所思所想写下来，这才是最重要的。打开日记本时，花点时间把那些让你心存感激的事写下来。

写日记可以帮你理清头绪，助你摆正心态，创造一个思想和感受的仓库。有时看到这些写在纸上的想法和感受，会帮你理清思路，明白下一步该怎么做。

● **争取做20分钟**。我通常会花20分钟来做这件事情——写日记——但如果你是这方面的新手，那10分钟就行了。一旦这么做几次之后，你自己都会想做得久些。

● **冥想也有效**。说到花时间让自己安静一下，有些人喜欢冥想，这很好。如果没什么宗教信仰，那就这么静静地坐着吧。沉默和独处是有巨大力量的。最重要的是在清晨深入自己的内心世界，点燃激情，精力充沛地度过一天。

● **滋养了灵魂后，就赶快动起来吧**。当你用10到20分钟来阅读和做日记之后，就可以进行至少30分钟的运动了。

要是你家里没有像我这样的家庭健身房怎么办？嗯，一个地板你应该还是有的。这就足够用来做很多运动了。你可以在原地热身一两分钟，然后来点儿深蹲和弓步蹲，可以做俯卧撑或各种类似瑜伽的动作，可以用哑铃、TRX悬吊训练设备或弹力绳来做些力量训练。你可以按照电脑或智能手机上的家庭训练计划来训练自己。想要了解更多，请阅读"关键点6：练成赢家"里的内容。

不过，我觉得你最好还是去附近的健身场馆——最好是离你住处15分钟以内的健身场馆——锻炼，因为这样才更有可能坚持锻炼下去。（当涉及选择什么健身房时，距离是很重要的）如果来回健身房会让晨间计划多出来额外的15分钟，那就需要仔细考虑一下了。

- 用"神圣时光"最后的10分钟来做拉伸和恢复练习。中度或剧烈运动后做做拉伸是很有必要的，可以借此来减轻肌肉酸痛，增加身体某些部位的血流量，防止受伤，帮助肌肉恢复。而且年龄越大，越需要拉伸。

谁还需要再来点儿拉伸？动起来，你会感觉更好，身体也愈加灵活！

- 用蛋白质奶昔和冷热水交替淋浴法来恢复体力。蛋白质在运动后修复肌肉方面起着重要作用，因为它含有恢复身体所需的氨基酸。研究表明，运动后越早摄入高质量蛋白质越好。

在《增强训练》节目中，我把乳清蛋白奶昔介绍给了德文·卡西迪，我同意这可能是我后来喜欢上的东西。市面上许多蛋白奶昔都含有人工甜味剂，如阿斯巴甜代糖、三氯蔗糖和糖精，我不喜欢这些。最好选那种含有天然甜味剂的蛋白奶昔，比如有机蔗糖和少量甜菊糖。

喝了蛋白奶昔后，我会先用热水然后再用冷水洗个澡，让我的身体重新恢复活力。我明白不是每个人都喜欢这种做法，不过，你可以调节水温，找到一个让你"为之一振"的温度。冷水浴可以促进血液循环，加速肌肉从酸痛中恢复过来，缓解压力，而且它肯定会让你清醒过来！

如果你真的想玩得再大点儿，那么在淋浴的时候，可以做做维姆·霍夫呼吸练习。你可能会想，啊？你说什么？维姆·霍夫呼吸练习是以一位60多岁的荷兰运动员的名字命名的，他创造了各种暴露在极寒环境下的记录。他在耐寒方面的壮举包括一身短打并光着脚在北极圈地区跑了个半马和在还飘着浮冰的水中游泳。他的绰号是"冰人"。

维姆·霍夫开发了一套呼吸练习法，包括30次快速呼吸，用鼻子吸气，用嘴呼气（在谷歌上很容易就能找到大量的相关视频和教程）。完成这些练习后，深吸一口气，然后呼气，之后屏住呼吸，直到憋不住为止。这种呼吸练习一次要做3轮。

我在早上洗澡的时候会做这些维姆·霍夫呼吸练习，强烈推荐。

● 最后，吃一顿健康的早餐。我不会在这里说得太具体，因为我在"关键点7"中分享了我对健康膳食的想法，但让我在这儿把话挑明了吧：如果早餐吃的是涂满奶油芝士的百吉饼和咖啡，那身体就没法在一天的工作中得到需要的能量。

午后例行之事

● 记住：第二天的成功是从前一天晚上开始的。如果你没法在每个早上固定地做些事，那很可能是因为你晚上也没按计划把该做的事给做了。我相信，要让自己在第二天拥有良好的心态，就必须得在前一天晚上把固定下来该做的事给做了。很多人在睡觉的时候，脑子里的弦还绷得很紧，且尽是些让人焦虑的想法，自然也就睡不好觉。

- **下午2点后就不要摄入咖啡因了**。咖啡或含有咖啡因的茶——那些令人兴奋的东西——会很明显地影响睡眠。底特律亨利·福特医院睡眠障碍与研究中心的研究人员发现，睡前6小时或6小时以内摄入咖啡因会使总睡眠时间减少1小时。

- **晚饭悠着点儿吃，也别喝那么多酒**。把胃塞得满满当当，一杯接一杯地喝，或者多吃几口餐后甜点，这些都会影响睡眠质量，因为这会加重消化系统在夜间的工作负担。身体难以消化过量的饮食，如果贪杯，那肾脏就得超负荷运转。

- **做一下"两分钟训练"**。睡觉前，花点时间再看看日记。有没有什么事是今天想做却没做成的？还有什么想法要在睡前写下来吗？

- **关闭电源**。就像最好不要在早上一睁眼就去查看电子设备一样，也应该在睡觉前30分钟——最好是1小时——把这些设备给关了。回邮件、查看社交媒体账户和浏览网页会让你很难安下心来入睡，因为电子产品会在生理和心理上让人变得兴奋起来。

当我说"电子产品"的时候，我指的是智能手机、笔记本电脑、平板电脑，是的，甚至还包括电视屏幕。根据美国国家睡眠基金会的说法，睡前使用电子设备会延迟身体内部的时钟，抑制用于助眠的褪黑素的产生，这样一来，当你关上灯，把头放在枕头上，就更难入睡了。然而，90%的美国成年人承认，在睡前1个小时内使用过电子产品。

这个百分比之所以这么高，是因为对这些人来说，睡前看电视就像刷牙一样自然。其他人则觉得看电视能够帮助他们入睡。虽然在睡觉前看些无聊的电视节目对某些人来说可能有助眠的功效，但我不会看暴力电影、播报最新枪击事件的本地新闻节目或者是那些邀请嘉宾来就时事进行一番唇枪舌剑的政论节目。所有这些面对面的争论都会让人血压升高。

我建议在睡前设定一个为时30到60分钟"电子宵禁"，并明确规定睡前不回复邮件，也不去读那些社交媒体文章。

- **读点励志的东西。** 读一本老式的纸质书能让人心情舒畅。我更喜欢读鼓舞人心的非虚构类文学，你也可以使用像Kindle Paperwhite这样的电子阅读器，因为这些设备配有"电子墨水"显示屏，这与智能手机或iPad那发出蓝光的屏幕截然不同。它们不会像智能手机那样让大脑喧嚣躁动。

- **睡觉前吃点锌和镁。** 已经证明，控制睡眠的大脑过程会需要这些营养元素的参与。锌可以支持免疫系统并调节睡眠。镁是一种天然的镇静剂，可以帮助肌肉放松，并降低压力激素皮质醇的水平。

有些人喜欢用褪黑素，一种非处方补品。褪黑素是一种自然产生的激素，会影响醒睡周期。通常来说，我们自身会产生足够的褪黑素让我们感觉昏昏欲睡，但如果你连续好几天工作繁忙或者最近到了不同的时区，那么褪黑素就可以助你入眠。

- **安装一个冥想应用程序**。无法入睡？有一款应用可以解决这个问题。Calm和Headspace是两个领先的冥想应用，它们能够让氛围变得平和，有助于你冷静下来，改善心情。

等一下，托德。要用这些应用程序的话，不是得要打开智能手机或平板电脑吗？

当然得打开。我只是说，如果所有其他方法都失败了，那么也许像Calm和Headspace这样的应用程序可以帮助你放松。我用过它们，并惊讶地发现，在这些应用程序的指导下做冥想，效果相当不错。

- **把智能手机放到厨房里去充电**。算算有多少人把智能手机放在床头柜上，这个数字真的很惊人。盖洛普的一项调查显示，63%的美国人都把智能手机放在伸手可及的地方——有人甚至将其塞到枕头下面！

我明白很多人用手机里的闹钟在早上把自己叫醒，但你其实可以买个便宜的闹钟。即使智能手机处于"静音"状态，每次在夜间收到短信或邮件时，仍会有明显的嗡嗡声。把智能手机放在卧室外，就可以最大限度地减少对睡眠的干扰，也能有效地阻止你在半夜醒来或早上一睁眼就去看手机。

- **设置合适的温度**。为了获得最佳睡眠效果，应该把卧室的温度设定为67华氏度。体温会在晚间降低，所以如果卧室太热，可能就会睡不踏实。另外，如果温度太高，睡觉时身体的脱水量就会比正常睡眠情况下要高。

- **在你说晚安之前先祈祷**。如果你的一天是从祈祷开始的，那么也应该在睡觉前祈祷一下。我的一个"最佳做法"是在睡觉前，来到梅兰妮的身边，握住她的手，一起做场晚祷。这是我们作为夫妻所能做的最有力量的事情之一。

如果你想改变你的世界，改变你的思想，那就和你的配偶一起祷告吧。如果你没有宗教信仰，那就花点时间来感恩呼吸和生命中的许多恩赐吧。感恩的态度总能使心态向正确的方向转变，并助你睡个好觉。

● **争取每晚睡7~8个小时**。我在安排时间的时候是倒过来推算的：既然想在早上5点起床，那就意味着最好在前一天晚上10点之前睡着，因为我习惯于睡7个小时的觉。不过，我更喜欢睡7个半小时，也就是说晚上9点半开始比较好。对于大多数健康的成年人来说，7个小时是最低的必要睡眠时间。你可能会发现，只有睡8小时，自己才会处于最好的状态。如果是这样，相应地调整一下时间就可以了。

● **确保每晚的睡眠能经历4个快速眼动（REM）睡眠期**。如果睡眠质量很高，那么睡眠过程就会经历4个快速眼动期。当然，因为睡着了，所以无法知道睡眠过程是否完整经历了4个周期，但有像Oura Ring这样的设备，只要戴在手指上，就能在你睡觉的过程中监测一系列生理指标。另一款设备名为Withings Aura智能睡眠系统，它是一款具备高级睡眠追踪功能的智能闹钟，只要购买了配套的睡眠感应床垫，它就能发挥其功能了。如果想知道自己的睡眠质量，可以花些钱入手一些这样的设备。

● **最后，不要按下贪睡键**。出于某种原因，我不用闹钟早上5点也能醒过来。对于那些没这种本事的人来说，确实需要个闹钟。不要把闹钟设在实际起床时间之前的30分钟响。抓紧时间在闹钟响铃的间隙来打盹，这样可没法获得高质量的睡眠，因为你的睡眠周期已经被打乱了。不要再贪睡了，在早上一听到闹钟响就起床吧。

创建生活规则

5年前，我做了一件事，为自己的生活制定了"规则"。只要我遵守这些规则，并从早到晚地严格执行它们，我就会达到最佳生活状态。

一开始，我只有5条规则。现在，我有13条。

对你来说，最重要的不是知道我有哪些规则。重要的是，你要创造自己的规则，并遵照它们去生活。想要制定这样的规则，最好是先问问类似于下面的这些问题：

- 你需要做什么才能让自己从内到外都达到最佳状态？
- 在你的生活中，是否有任何需要避免或消除的事情、人或习惯，因为它们不能让你达到最佳状态？

开始创建规则前，先看看我的规则。然后可以先创建5个或10个规则。规则一定要具体，你可以随时添加。

记住：这只是我自己的13条规则。分享它们是为了让你看到我自己的最佳做法和目标。

让我摆正心态的13条规则

1. 每晚至少睡7个小时，所以我会相应地调整睡觉时间。我还会每月做两次按摩。身体按摩的作用很神奇。

2. 下午2点后，避免摄入咖啡因，每月喝啤酒或葡萄酒也不会超过2杯。

3. 每天早上所做的第一件事就是训练至少40分钟。这包括至少10~20分钟的祷告时间，然后是30分钟的运动。在运动时听励志播客。

4. 完成每日晨间例行之事前，不打开手机和检查电子邮件。

5. 思考一下，今天向谁输送了能量，向谁倾注了爱、鼓励和动力？

6. 不说脏话，只说那些带有正能量的词语。

7. 确保今天能所向披靡。掌控自己如何来度过光阴，与谁一起度过，以及做什么。

8. 每周日，写下我的WLAG（胜利、失败、顿悟和目标的缩写）：我的胜利、失败、顿悟时刻和下周目标。我也想建立自己的"每日五大要事"。

9. 每天都用至少5~10分钟来写日记。

10. 与跟我接触的每个人积极地互动和沟通——无论是当面沟通还是通过网上或社交媒体来沟通。避免与别人当面或在网上进行负面的互动。

11. 通过分享自己的故事来激励、鼓舞和影响世界上1000万人。时不待我！

12．在目标和激情的指引下生活。不要被嫉妒、流言蜚语、诱惑或能量吸血鬼迷了心窍。要面对自己想实现的目标，并进行自我激励，要鼓舞自己达到最佳状态。

13．最后，我明白，我不可能也不会让所有人满意。我将专注于过好每一天，不后悔自己的行为、说过的话、做过的事和做的决定，因为我知道，为了成为最好的父亲、丈夫、教练、领导和可能成为的最好的人，我已经竭尽全力了。

这里还有一个我为自己创建的清单。

我的"负面"清单

1．不按贪睡键。

2．不一睡醒就打开手机。

3．不在早上一睡醒就查看电子邮件。晚上睡觉前也不看。

4．不随时都立即接听每个电话或短信。

5．不在睡觉时或周末孩子在场时上网瞎逛。

6．不吃那些让我觉得疲惫和迟钝的食物。

7．不浪费时间去讨论或争辩那些自己无法掌控的话题。

8．不在睡前30分钟内碰任何电子设备（手机、电脑、电视）。

9．不基于经济考量来做决定。确保所有的决定都遵从内心，与自己的核心价值观一致，且有助于维护企业文化与团队友谊。

10. 不忽视家庭。首先考虑与谁在一起，而不是做什么事。

最后的感想

你呢？你的规则是什么？你有什么好的做法和习惯？要将它们深深地印在脑海里，最好的方法就是把它们写下来，贴在10厘米×15厘米的卡片上，然后把它们给好朋友看看，最重要的是，照着去做。

在2019年去世之前，肖恩·史蒂芬森，一位身高三尺的出色的励志演讲家，用了一个很好的缩写词来概括这些事情。肖恩说你得有"WLWL"，即"天遂人愿清单"。也就是说，你要想想，当生活变得一帆风顺之时，你做了什么？

你和谁在一起？

你是如何生活的？

你养成或丢掉了哪些习惯？

你的心态如何？

创制属于自己的规则，然后遵循这些规则，养成好习惯。至关重要的是，你养成了能有效帮助自己达成所愿的习惯，由此产生冠军的心态。不要忘了，所有进入大脑的东西都会被加工，它们对你的身体、心灵或精神所产生的作用，只要不是积极的，那就是消极的。

我希望的是，基于这些习惯，你能在生活中养成一定之规，并在由此产生的强大能量的加持下更快地达到自己的目标。

然后你的心态就会真正走上正轨。

💡 **关键点5**

主宰自己的时间、精力和注意力

很少有人能达到自己真正期望的目标，原因之一是我们从来没有将注意力放在需要的地方；我们从来没有集中自己的力量。大多数人浑浑噩噩地活着，从没想过自己要去掌控什么。

——托尼·罗宾斯（Tony Robbins），励志演讲家

如果你见过我做的各种演讲，那就会知道我不是那种壁花男孩：站在酒店讲台后面，穿着保守的商务套装，用阴沉的声音干巴巴地念着事先拟好的演讲稿，而此时台下有一半的人已经听得心不在焉了。

那些来听我演讲的人，他们的感觉可完全不一样。我经常会穿安德玛的有领衬衫和休闲卡其裤，身上别着无线麦克风，我喜欢跳下舞台，平视听众。然后，把自己的能量提高两级，展现自己四射的活力。

今天，我很兴奋，因为我想跟大家聊聊如何在当今充满竞争的环境中保持高效并获得成功。无论你是健身爱好者、周末战士、办公室工作人员、运动员，还是想恢复体形的人，我都会让你知道，如果要让自己达到最佳状态，取得最大成功，需要哪些技能和好的

做法，需要遵循哪些纪律和一定之规。我要谈的是让你的生活更上一层楼所需要的勇气、磨练和心态。听到这些，你兴奋吗？很好，因为我们马上就要让这个地方火起来啦！

我演讲时的语速和新泽西骗子一样快，我的能量能唤醒沉睡的巨人。人们一般把我叫作"高能"人士。当我站在灯火通明的舞台上时，就会展现出自己最好的一面，并以此帮助别人也将其最好的一面展现出来。

这跟主宰时间、精力和注意力有什么关系？太有关系了！能量是我们最珍贵的商品。时间是我们最重要的资产。如果你不能集中自己的时间或精力，就无法达成所愿。只要摆正心态，时间、精力和注意力就皆能为我所用了。

先说时间。一天里，我们似乎总没时间做完需要做的事，更别说做想做的事了。科技本应帮我们节省出大量时间，提高我们的效率，让我们元气满满地过完一天，但这种乌托邦式的情景并没有而且也永远不会出现。当我们醒着的时候，智能手机、电脑和各种社交媒体已经占据了我们越来越多——甚至所有的——时间。

我刚才说的并不是什么新鲜事。第一个宣称"一天的时间不够用"的人，可能是在诺亚和他的儿子们建造方舟的时候，就已经生活在这个世界上了。但正如世界著名的心理学家吉姆·洛尔博士指出的那样，我们最宝贵的资源，同时也是评判未来是否能达到高绩效的指标，是能量，而不是时间。这是他在畅销书《精力管理》中写到的。

大多数人都只是想竭尽所能。当需求超过自身能力时，我们就会用权宜之计挨过一个个日夜，但随着时间的推移，这就会让我们付出代价。我们睡得太少，在奔波中狼吞虎咽地吃快餐，用咖啡补充能量，用酒精和安眠药冷却那颗躁动的心。面对着永远也干不完的工作，我们变得脾气暴躁，容易分心。长时间的工作后，我们回到家中，感觉疲惫不堪，此时的家庭往往不是让自己焕然一新的快乐之源，而是让生活更加不堪重负的麻烦。

有趣的是，洛尔博士在2003年写下了这些话，4年之后，苹果公司发布了第一款iPhone，掀起智能手机革命，手机的大触摸屏可以让用户轻松浏览网站和使用应用程序。新科技加剧了——而不是减轻了——洛尔博士指出的问题。我们能在智能手机上做任何事情——找工作、找对象、订机票、拍照、拍视频、看书或看电影——这些科技奇迹以一种独特的方式占据了我们的生活，让我们无法专注于真正重要的事情。

让我们用下面几个问题来评估一下现实：

- 你知道一个普通人每天查看他或她的手机多少次吗？

答案： 根据全球科技公司亚胜的一项全美调查，平均每12分钟一次，每天80次。10%的人每4分钟检查一次手机。2000名受访者中，有三分之一的人表示，只要手机一不在身边，就会感到焦虑。

- 你知道成年人每天平均的"屏幕时间"有多长吗？

答案： 11个小时。根据市场研究机构尼尔森的数据，美国成年人要花这么长的时间来看电视，看YouTube视频，浏览他们最喜欢的社交媒体网站，使用应用程序以及回邮件和短信。太疯狂了！这意味着一个人醒着的时候有近三分之二的时间是在盯着平板电视、电脑显示器或智能手机的。

● 你觉得青少年的平均"屏幕时间"与成年人的相比是更长还是更短？

答案：更短，但也没少到哪儿去。根据Common Sense Media所做的研究，青少年平均每天花9个小时看手机。这可能是因为他们每天大约有六七个小时待在学校里，而且上课时不许玩手机。否则，情况会更糟！

● 最后，你知道美国的普通职员在一天8小时里能高效工作的时间有多长吗？

答案：研究表明，在一天8小时里，普通职员的高效工作时长只有2小时53分钟。没错——不到3个小时！那在剩下的时间里，他们在做什么呢？以下列举了最影响工作效率的10件事情：

1. 阅读新闻网站：1小时5分钟

2. 查看社交媒体：44分钟

3. 和同事讨论与工作无关的事情：40分钟

4. 寻找新的工作机会：26分钟

5. 抽根烟休息一下：23分钟

6. 给合作伙伴或朋友打电话：18分钟

7．调制热饮：17分钟

8．发短信：14分钟

9．吃零食：8分钟

10．在办公室的休息室里做东西吃：7分钟

读了这十大榜单，一想到在职场中损失的时间、精力、注意力、效率和金钱时，我就感到难受。

你知道有人来你的办公室或工作站闲聊后，自己需要多长时间才能重新将注意力集中到工作上吗？根据加州大学欧文分校的研究注意力分散的专家格洛丽亚·马克的说法，答案是25分钟。

这并不是说，下次有同事顺道来你的办公室或工作站，想跟你讲讲他们周末的滑雪之旅时，你要粗鲁地让他们走开。你只需温和地说一句"我得先把手头的这些事给做了"，就可能会让你更快地重新回到工作中，这样就能提高工作效率。每一分钟都很重要，对你的雇主来说更是这样。

想一想，当你正在和某人进行一次有意义的谈话时——无论是在工作中还是在个人生活中，忽然对方的手机响了。

抱歉，我可以接个电话吗？

除了"当然，请便"外，你还能说什么？因为下次可能就是你自己接到家人打来的重要电话或发来的短信，所以你当然会说没问题。

但如果对方在电话上聊个没完，或不停地发短信，那么你可能

会觉得对方不尊重人，以后也就不会再信任此人了。《社会和个人关系》杂志（Journal of Social and Personal Relationships）针对手机对信任有何影响做了试验。试验要求对照组中一半的人把手机放在桌子上，另一半人把手机放在口袋或钱包里。把手机放在桌子上的那组人觉得他们之间的信任度较低，但当手机看不到时，信任度分就会飙升。

这是人类的天性：当人们能够保持眼神交流，不被电话和短信打断时，他们更容易聊得下去。如果人们能记住这一点就好了，尤其是在开车的时候。根据美国国家公路交通安全管理局的统计，驾驶时分心——比如用一只手发短信，另一只手打方向盘，每天造成大约9人死亡，1000人受伤。

我们生活在一个分心的时代，这个让我们分心的东西可能是电子产品，也可能不是。更准确的说法应该是，我们生活在一个成瘾的时代。这种现象正在扼杀我们的生产力，也在急剧地降低我们的专注能力，我们不仅无法专注于手头的工作，而且无法专注于除手机外的任何事情。

我们需要摆正对技术的态度，因为很明显，智能手机正在破坏大脑的专注能力。它使得我们无法专注于自己的工作、家庭、人际关系以及自身的健康和福祉。

我们必须将技术当作"工具"来使用，而不是一件"毁灭性武器"，尤其是在社交媒体的世界里。

社交媒体还是服务媒体？

首先明确一点，我喜欢社交媒体。真的很喜欢。

但涉及最大限度地利用时间、精力和注意力时，就必须要考虑社交媒体及其对生活的影响。很多人，尤其是那些年龄在12岁到30岁之间的人，都沉浸在Instagram、脸书、Snapchat、推特、领英和YouTube上的言论中。他们甚至根据最近的自拍得到多少点赞来确定自我价值。

而评论区里的内容呢？在那儿，人们想说什么就说什么。这么多年来，有关社交媒体有一点我学到了，那就是人们说起话来会口无遮拦。我说的是那些充满讽刺和挖苦的评论。最好的办法是无视它们，让自己的脸皮变厚点儿，这也是我不得不做的。

在选择关注谁时，我也会非常留意，同时对那些荼毒我的思维方式的精力吸血鬼取消关注。我发现那些我在社交媒体上关注了的人，都在真诚和真实地分享着生活中的美好、挑战与艰难时刻。他们活得非常真实，不会活在由幻象构筑的城堡里，觉得生活中的一切都是小狗、阳光、彩虹和过山车。

我总是警告人们不要拿自己的内在与别人的外在做比较。不过，社交媒体有时会让这一点变得有些困难。攀比会把快乐偷走，你必须得仔细想想自己什么时候才去浏览社交媒体的内容，以及浏览多少。否则，你会不断地拿自己的生活与其他人"在社交媒体上展现出来的生活"做比较。我们都知道……那都是假的！

让我重视的另一件事情是社交媒体的成瘾性。我们都知道，每天浏览社交网站并在上面与人互动是多么令人向往。社交媒体的创建者们尽一切可能地提高他们的应用程序的吸引力，导致你每隔一小时或几分钟就忍不住要去查看社交媒体。社交网络使用"标题党"的方法来吸引你，比如在脸书的通知栏上看到一个红色的"7"，表示有7个人回应了你最新的帖子。你总得知道他们对你最近的所发内容有什么评论，对吧？

由于社交媒体的成瘾性，你可能会因为错失恐惧症而只顾看手机，不与你周围的人沟通。许多人没有意识到自己就是这样的人。

人们只是在机械地滑动着屏幕，他们其实完全可以利用这些时间来读一本好书，好好散个步，或到健身房里来练练！除此之外，我见过太多的家庭和太多的夫妻坐在餐厅里，边看手机边等餐。看到这种情况，我的心都碎了，所以我们全家人去餐厅的时候有一个规定：桌子上不能放手机。

我意识到，我们的生活已经与社交媒体融为一体，无法分开了。惭愧的是和其他人一样，我也陷入了社交媒体的圈子。这个习惯可能无法戒掉，但你可以设定各种限制条件，比如每天只访问一次社交媒体网站，或者仔细算算自己每天在社交媒体上花了多少时间。

如果想让自己不那么上瘾，可以这么试试：从周五下午到周一早上，不要登录社交媒体。有段时间，我觉得社交媒体挤占了自己太多宝贵的时间和精力，自己的生产力也降低了不少，所以，我会让自己整个周末都不接触社交媒体，不发布或阅读任何内容。我注意到，短暂地切断与社交媒体的联系后，太阳仍然照常升起，相信你也会跟我有一样的感觉。

尽管社交媒体有很多缺点，但我真的相信社交媒体可以成为我们生活中一股积极的力量。它使我能接触到千千万万不同的人，这是一个绝佳的机会，我对此是非常重视的。

我希望你们把社交媒体看作是"服务媒体"。它提供真情实意的正能量来在线服务他人。你可以用自己的社交账户来做些好事，比如发布激励人心的励志名言，分享能激发创造力的图片，写些能戳中人们笑点和泪点的文字。

扪心自问："这个帖子是否能为某人创造价值，并可能对他人产生潜在的积极影响？"如果答案是肯定的，那就发吧。此外，还要注意，不要在你的任何帖子中与人对峙、陷入争吵或说一些负面的话。

你可以利用社交媒体这个工具服务他人。当你这样做的时候，就会感觉更好，做得更好，并成为更好的人。所以只要使用得当，社交媒体就可以成为生活中的一个重要工具。社交媒体能很好地帮助你自己和那些关注你的人摆正心态。

想办法变得超级专注

那么，托德，社交媒体和各种杂事一齐向你涌来，你是如何保持专注，把事情做完的？

听着，好吧。有的时候我也会心烦意乱，没法把注意力集中在需要的地方。我现在的目标是变得超级专注。我如何度过时间，决定与谁共度以及采用什么系统方法来让我达到巅峰状态，这些都会受到这个目标影响。

首先，我要从根本上了解自己需要关注什么，而不是我想要关注什么。在这方面，没有什么比写日记更有帮助了。我的"关注点"是根据生活中的优先事项、各种目标、在日记中为自己的生活描绘的愿景以及每周日下午或晚上编写的WLAG条目形成的。

我之前提到过，WLAG指的是胜利、失败、顿悟时刻和目标的缩写。我分享一下在2019年母亲节写的内容：

本周我的三件大事：

1. 需要在本周的播客上迈出一大步，录制一个开场预告片。
2. 周六要去墨西哥盖房子，我为此感到超级兴奋。
3. 要在本周内再搞定新书的一章内容。

我的WLAG目标如下：

胜利：

● 今天是母亲节！早上把早餐和午餐合在一起吃了，然后去了教堂，很开心。牧师迈尔斯·麦克弗森对4位妈妈做了访谈，她们的故事/教训都很感人。

- 周一和周二在巴尔的摩举行的P10会议很棒（P10指的是我的"10个智囊团力量10"）。我真的很享受和他们所有人在一起度过的时光，而且会议也很有成效。喜欢我们在安德鲁·辛普森家度过的时光，印象非常深刻。

- 这周在巴尔的摩安德玛公司的一天真是太棒了。我很高兴在那儿开了P10小组会，玩得很开心。

- 我不在的时候，Fitness Quest 10健身室做得不错。

- 我和牧师杰克·霍金斯（在斯克里普斯牧场的峡谷泉教会）一起录制了一个关于摆正心态的播客。

- 我订购了做播客所需要的麦克风和其他设备。

失败：

- 我的队伍在Fitness Quest 10我的地带比赛中失利。

- 我们必须让队里的每个人都积极些。有几个人的参与度为零，如果他们不参与，我们就无法获胜。现在，我们每个人都得加把劲！

- 迈克·钱德勒因为打了一个有争议的电话，失去了他在勇士格斗赛取得的头衔。现在该回去努力了。有时，只有背水一战，才能做得最好。

顿悟时刻：

- 我不可能照顾到每个人。

● 我喜欢竞争。这对灵魂有好处。我很享受这次"Fitness Quest 10我的地带"比赛。但我不喜欢失败。

● 我现在需要同时处理很多"大"事。这不仅需要自己状态良好，还需要团队也状态良好。我们有很多事情要做：做播客，写书，还要做几个现场活动宣传片和相关推广。一次只做一件事。必须要好好地分一下工。

目标：

● 填写贝克出版社的作者调查表。

● 周末参加博·伊森的活动。

● 准备周六去墨西哥给穷人盖房子。很期待。

● 周二中午12点，在车库里与乔尔·芒廷锻炼。直播一部分锻炼活动。

● 订购在做播客的时候发放的夏季连帽衫和各种赠品。

我还有很多其他的小项目和重要营销举措清单可以举例，但你懂这个意思就行了。我把重要的东西写下来，把精力始终花在重要的事情上，并以此提醒自己在有生之年想要达到什么目标，换种说法就是：我想达成什么样的建树？

很多年前，每周训练三四十个小时对我来说不算什么。如今，我每周的训练时间差不多是十个小时，因为我的责任比20年前、10年前甚至5年前多了很多。领导我的Fitness Quest 10团队，准备好在各种演讲场合发表主题演讲，这些都很重要。但我始终记得，自己最大的责任，就是做一个好丈夫和好爸爸。这包括花大量的时间陪妻子梅兰妮，她已经跟我一起走过20年了，我每个月都要安排一次特别的"约会之夜"。至于我的孩子们，我是三个孩子的父亲，其中两个已经十几岁了，还有一个也快十三岁了，孩子们长成大人的速度可比我想的要快多了，所以我需要在他们关键的青春期陪伴左右。

我知道，自己需要极高的专注力，才能在承担起这些责任的同时，坚持走自己的路，并最终达成所愿，同时还得尽量让自己的注意力不被分散。下面是我达到超级专注状态的一些方法，你也可以将其应用在你的生活中：

1. 设置让你成功的环境。你很有可能是在一间封闭的办公室、隔间、家庭办公室或咖啡店里工作。无论在哪里工作，都应花点儿心思去创造这样一种环境：工作起来效率更高，更能保持注意力，且在一天工作结束时，不觉得压力重重。

我认为办公室最重要的部分是办公桌。它有足够的空间来放置文件、笔记和做各种文书工作吗？有用来放文件夹的抽屉吗？我们的目标是让一切变得井井有条。

几年前，Fitness Quest 10只有一间办公室，我知道那里不利于制订计划、撰写博客或写书。那儿太拥挤、人来人往，让人分心的东西太多。梅兰妮和我讨论了各种方案，最好的一个解决方案就是用家里的一间卧室来做家庭办公室。

我完全按照自己的意愿来布置家庭办公室，包括加装各种内置橱柜，用定制的"罐式"灯箱来照亮自己的创意空间，还有一个带玻璃顶的立式办公桌，这样我就可以把桌面当成"白板"了。伙计，我真的很爱自己的家庭办公室，我做得最好的工作都是在那里完成的。

2. 清理你的办公室。 我永远不会忘记作家兼我的导师韦恩·科顿有一次说的话："如果你的办公室凌乱不堪，那你的点子也好不到哪儿去。"

他说的没错。关于这一点，我是出了名的，无论走到哪里都会留下一个个的"德金堆"——这是我从母亲那里继承来的特点。有的时候，我的办公室里全是一摞摞的文件、报纸和杂志，堆积如山，杂乱无章，以至于我会感到不知所措，根本无法思考，更别说有什么好点子了。在我把这些堆积的东西都清理干净后，觉得自己变得有条理多了，你也会有相同的感受。

清理也适用于你的数字桌面。把那些单项文件规整到文件夹里去。退订那些失去价值的新闻邮件和电子邮件，把那些塞满手机屏幕的应用删掉。

3. 关注环境。 绿色植物可以补充空气中的氧气。所以，在家里的办公室、卧室和生活空间中放些植物。另外，还可以买个香味扩散器，在办公室里体验香薰疗法。薰衣草、玫瑰、檀香等精油有减压和让心情平静的作用。同样，香草、薄荷、柑橘和肉桂也可以让你的感觉变得更加灵敏，头脑更敏锐，为身体增加能量。

4. **关闭"推送"通知，或者最好把手机关了**。我们每天都会收到数量惊人的电子邮件和通知。根据《华尔街日报》的报道，我们每天都会收到63个通知和90封邮件，每天要发送40封邮件。收发邮件消耗了大量时间，必须采取应对措施——极端一些也无妨。

当我的效率处于最高点时，我会做重要的工作，那个时候，我会把手机完全关了。我不太相信自己能忍住不去查收电子邮件。至于形形色色的"推送"通知、社交媒体应用以及新闻和体育网站为了吸引人们的眼球，也是无所不用其极。当然，他们就是靠这个来赚钱的。你可以把通知功能关掉，这样的话，还是可以收到打过来的电话和短信，但如果你真的想要提高工作效率，就把那该死的手机关掉吧。

《数字极简主义》一书的作者卡尔·纽波特说，每天定期把手机关几个小时非常关键。因为大脑可以借此获得急需的独处时光。否则，你就会出现"孤独剥夺综合征"，它会增加焦虑，降低创造力，让你无法充分发挥自己的潜能。所以，每天把手机关几个小时，让自己获得更多的孤独感吧！

5. **戴上降噪耳机，听音乐或享受那份宁静**。不过，得好好想想用这些耳机放什么音乐。研究表明，欢快的古典音乐有助于激发创造力，但我经常听Pandora（由Pandora Media开发的网络电台）上的悦耳音乐或苹果音乐中"励志"播放列表中的音乐来给自己输送能量。

不过，我必须得说，戴着耳机但什么都不听的时候，我才感觉更有创造力。我喜欢戴上降噪耳机，把世界从我的耳中抹去。这样就能创造一个"专注力空间"，而我是在专属空间的里面而不是外面。我喜欢我的专属空间，我想你也会喜欢的。

用逆向工程的方式实现梦想

如果你打算改变现状，创造人生中最美好的一年，那么我建议你对自己的成功进行逆向工程，这个想法我在"关键点3"中介绍过，但想在这里扩展一下。

我说的"逆向工程"的意思是，你应该先勾勒出一幅伟大的图景，然后再逐步细化到每天需要做什么：先计划你一年中要做什么，然后是每季度、每月、每周，最后是每天。一旦做完这种规划，你就可以取得一天的胜利，然后是一周的、一个月的、一个季度的，最终取得整年的胜利。这就是对你的成功进行逆向工程的意义所在。以下是一些能帮助你实现这一目标的技巧：

● 通过制定年度路线图和战略计划来赢得一年的胜利。每年12月和1月初，我都会花15到20个小时来构思明年的计划。我会考虑100个关于商业和生活的问题，深度思考我的愿景和人生目标。然后，把路线图打印出来，并用线圈将其装订成册。接下来的一年中，我会定期回顾制定的年度路线图和战略计划，因为它是我做任何重大决定的指南针。

● 用90天的奇迹取得本季度的胜利。20年前，我从韦恩·科顿那里学到了这个技巧。每隔90天，我都会花一两个小时问自己3个问题：

- 在过去的90天里，我完成了什么？
- 我目前的挑战、障碍和问题是什么？
- 在接下来的90天里我要完成什么？

我会花大约20到30分钟考虑每个问题，有时考虑得更久。这样我就可以回顾上一季度的表现，分析一下自己的现状，然后预测下一季度的情况。我会把最重要的领域或目标打上星号。

我非常喜欢以90天为单位向前推进。这种时长，有预测的空间，也能让人看到预测的结果。

- 利用你的WLAG取得一周的胜利。我已经讲过我的WLAG是怎么回事。每个周日，我都一定会与自己的Fitness Quest 10团队和导师团分享胜负经验，我也会要求我的领导团队与我分享他们自己的胜负经验。这种例行公事有助于我们的沟通。他们知道我在做什么，我也很清楚他们在做什么。

- 用五大要事法取得今天的胜利。在我今晚睡觉前，必须做哪5件事，才能确保赢得今天的胜利？这就是我的心态。当我做完这5件事之后再上床睡觉，就会带着微笑进入梦乡。当然，偶尔也会有一两次失败的时候，但失败的刺痛感很快就会消失。

寻找整块时间

以下是一些实用的策略，可以助你完成今天的五大要事：

1. 以"吃掉那只青蛙"[①]的心态开始自己的一天。意思就是说，试着在一天刚开始的时候，做最困难或最让自己厌恶的事情，而不是等着自己的能量消退，然后推脱道："明天再做。"

2. 不要试图连续做两个90分钟的工作。为了以最大的专注力取得胜利，我喜欢以90分钟为一个时间段来工作。如果每天能在两个90分钟里做好工作，那就意味着当天用了3个小时来高效地做让自己心动的事。如果碰巧一天能有4个这样时长的时间段，那就太了不起了，因为这就意味着当天在这6小时里，我都真正专注在手头的工作上。

每两个这样时长的时间段之间，至少需要20分钟的休息时间。我会散散步，做做拉伸、冥想或做一些呼吸练习。

---

① 该比喻来自《吃掉那只青蛙》一书，作者为博恩·崔西。——译者注

"10种财富"转轮和"30天3个目标"

如果你想了解得更加深入一些，可以看看我的"10种财富"转轮：

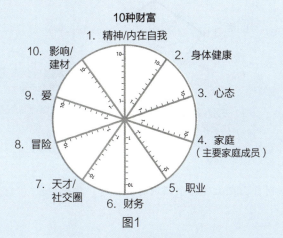

10种财富

图1

注意思考你的身体健康、精神自我、人际关系和职业目标等生活的10个不同领域。接下来，在每个领域中给自己打分（1分最差，10分最好）。这样就能了解自己在生活中的强项和需要改进的弱项有哪些了。

接下来就是你的"30天3个目标"：写下在上述的每个领域中未来30天内（即以1个月为1个时间段）要完成的3个目标。这样写下来，你就会有30个目标（我有时建议从"30天1个目标"开始）它并不像表面看起来那么可怕。可以在一个领域中最多提出5个目标。但最终的目标是能够在每个领域都有效地实现3个目标。如果在每个领域中都能提出3个需要在接下来的30天里实现的目标的话，到时候你就知道这样做的好处了。

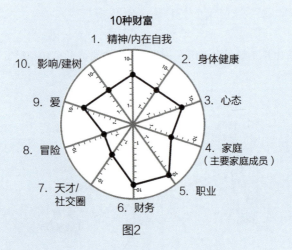

图2

在评判自己在上述各个领域的分值时，要记住：

- 10分是你希望达到的理想情况
- 10分是你希望自己在不远的将来达到的目标
- 10分是你对自己的愿景
- 10分是你对自己的期望
- 10分是你认为自己拥有的潜力

给自己现在的表现打分。

注意财富转轮中是否出现不同领域间分值差异过大的情况。

每月对自己进行评估。这样的做法绝对能让你的现状发生翻天覆地的变化。

当你把目标写在纸上，并宣布它就是自己的目标时，你就更有可能在生活的各个领域实现它们。老话说得好：给我看看你的日历，我来给你标重点。

以下是2019年夏天我做的"30天3个目标"：

托德的"30天3个目标"

2019年7月

精神/内心生活

1. 每天早上花15分钟做有关信仰的例行之事。

2. 每周日去教会（如果出差，也可以通过流媒体收听）。

3. 每天晚上与梅兰妮和孩子们一起祷告。

身体健康

1. 每周锻炼5次，每次最少30分钟。每次在Myzone上锻炼，至少要消耗500卡路里的热量。

2. 干净的饮食；90%的时间不吃糖和加工食品；摄入营养补充品。

3. 增加休息时间；每周至少5晚的睡眠时间不低于7小时；每周两晚的睡眠时间超过8小时。本月做两次按摩。

心态

1. 做有氧运动时至少听30分钟的播客，每周5次。

2. 本月完全不看新闻。

3. 我的圈子里不能有摇头族或精力吸血鬼。

家庭

1. 参加麦肯纳的足球比赛和卢克的长曲棍球比赛。

2. 用3天来陪伴家人。

3. 早餐和晚餐桌上不能使用手机。

职业

1. 录制10集播客，准备发布"托德·德金影响秀"播客。

2. 在IDEA World[①]、长滩Perform Better[②]训练大会、Perform Better公司举行的健身大会和Canfitpro[③]上大显身手。

3. 让10名新成员加入导师团。

4. 新书交稿。

财务

1. 带领Fitness Quest 10持续发展——促进文化建设，培养管理层，不吝赞美。

---

① 由美国健身协会主办的年度健身大会。——译者注
② 一家销售功能训练产品的美国公司。——译者注
③ 加拿大国际健身健美设施博览会。——译者注

2. 为我指导和服务的所有人（客户、导师团成员、社交媒体）提供有价值的内容。

3. 致力于2020年的"影响转型大赛"[①]。以身体和生活的转变为目标，为客户提供定制的训练计划/比赛。

天才圈/社交

1. 本月至少与梅兰妮来一次晚间约会。

2. 这个月在IDEA World做策划并给他们提供指导！

3. 这个月留出跟大卫·耶利米牧师在一起的时间。

冒险

1. 做两次海滩锻炼。

2. 和梅兰妮一起做一次水疗。

3. 上热瑜伽课。

爱

1. 父女约会。

2. 这个月和梅兰妮多一次约会（不带孩子！）。

3. 这个月每周和卢克、布雷迪做足球训练。我喜欢做这个！

[①] 由本书作者的健身场馆所组织的一个健身项目。——译者注

影响/建树

1. 尽可能把《心态至上》这本书写得出彩。

2. 几周后，NFL运动员训练营就要开始了，到时候我要陪在他们左右，享受和他们在一起的时光。

3. 激励导师团的学员们去深入思考，克服恐惧，勇于与世界分享他们惊人的天赋。看到我的学生为他们各自所在的社区带来巨大的影响，我感到非常满意。

4. 激励和鼓舞这个月与我合作的教练/健身专家。帮他们在生活中创造魔力和影响。大胆一点儿。充满激情地演讲。用能量点燃他们。散发光和正能量。

就是这样。

人们经常问我，"如果你没有实现你的目标会怎么样？"

答案是，"不怎么样。"我不会感到内疚。我不会发牢骚。我甚至不觉得有什么不好的。我只知道，当你把自己的目标写下来，并将其与配偶、家人甚至朋友分享后，就更可能过上幸福与和谐的生活。

"10种财富"转轮和"30天3个目标"是我每个月都要做的。只需15～20分钟就能完成，却能让我把自己的精力集中在对生活最重要的事情上。

我的大脑中有一个很强烈的想法，即遵循我的1%规则：争取每天进步1%或提高1%的工作效率。就这样过一天、一周、一个月和一个季度，我就会取得真正的进步。你也会的！

3．**与其想把所有的事都做完，不如全神贯注地去完成少数几件事**。然后你就会看到这对你的生产力产生什么影响了。这样你就能"所向披靡"，完成的每一件事都能让你感觉良好。

有哪5件事最能打动你的灵魂？

现在，你已经准备好专注了，那应该专注于什么呢？该把宝贵的时间和精力投入到什么事情上去呢？

你必须成为时间的主人，这样就能最大限度地提高生产力，获得成功、意义甚至幸福。而要掌控时间，就需要调整专注的方式。这听起来很简单，但能做到的人太少了。

我要做的是问自己一个关键问题："有哪5件事最能打动我的灵魂？"

我可以列出10件或更多的事情，但我认为重要的是把事情的数量缩小到5件：

1．写作

2．演讲

3．领导他人

4．培训和指导别人

5. 享受家庭时光

找出最能打动你灵魂的5件事，也就是你希望在其上花费大量时间的事。清单上的内容是由你的职业和家庭情况所决定的。重点是，我想帮你搞明白如何才能把更多的时间花在做那些你喜欢做的事上，做那些打动你的事上。

如果你能花80%的时间去做能打动你灵魂的事情，那么你就会更有活力，更专注于你喜欢做的事情。这样安排你的时间，会让你更有创造力，完成更多的事情，并对你周围的人带来影响。

你如何取得成功？

- 以90分钟为一个时间段来工作。确保在这段时间内关闭手机和电子邮件通知。在这段时间里，你需要心无旁骛地工作。
- 不要忘记，每天完成2个这样的时间段就很好了，如果能完成4个，那就太棒了。
- 在2个时间段之间至少给自己留20分钟的休息时间。站起来，伸伸懒腰，到周围走上一圈，看看电子邮件或社交媒体或者与同事们聊聊天。

只是不要忘了，在开始下一个90分钟之前，关掉这些让人分心的电子设备。

你知道自己的周期吗？

利用这个机会好好关注一下自己的效率峰值周期。我发现，如果不注意自己的周期，效率就不会像自己期望得那么高。

当我们睡觉、醒来、生活和再次准备入睡时，有一个24小时的时钟在体内默默运转着，这就是我们的昼夜节律。

在每一天的24小时里，我们的状态会循环往复，有时感到精力充沛，有时感到缺乏活力，不在最佳状态。甚至有时会昏昏欲睡，需要打个盹。

我很清楚，自己在早上7点（锻炼后）到中午这段时间里，工作效率很高。另一个高峰期是下午4点到6点。我也可能在晚上8点到9点半之间迎来另一个高峰期。

但如果是在下午刚开始的时候，有时你就得用叉子狠狠地插我，才能让我清醒过来。而且，也别在晚上10点以后让我搞创意。我那个时候已经处于半梦半醒的状态，所有的能量都用光了。

我必须在早上进行创作，因为那时我有最旺盛的精力和最清醒的头脑。在做完晨间例行之事后，就会变得元气满满，准备进入我所谓的"天赋领域"——我最有创造力的时间段。

但是，千万别以为"天赋领域"唾手可得。你得制订周详的计划，才能确保它的到来。

打造你理想的一天和一周

我发现，大多数人不会打造理想的一天、一周或计划表。相反，他们随波逐流，尤其是在社交媒体上，而一不留神，他们就不再关注自己的生活。这个时候，他们自身的精力会消耗，因为处理大量的电子邮件、通知和短信需要消耗巨大的精力。这种事情在我周围一再地发生，甚至发生在我自己身上。

我采取了一些措施来纠正这种情况。周一、周三和周五，我从早上7：00到11：00对客户进行培训，与大卫·耶利米牧师、德鲁·布里斯和小托尼·格温等人一起工作。在此过程中，我是不会把智能手机放在身边的。在这个时间段，我充满创造力，状态"在线"，所以在客户面前能有最好的表现。

周二和周四上午，我主要在家中的办公室"写作和辅导"。我在写作的时候会关掉手机，这样就可以屏蔽一切，把注意力转移到日志、书籍章节或主题演讲上来。

当我专注于辅导时，我会为我的导师团成员创作有关业务、领导力、营销或个人成长方面的内容，抑或主持一个辅导方面的电话会议，又或者策划下一个静修会或现场导师活动。

清晨，我头脑清醒，运筹帷幄。而下午刚开始时，我处于低潮期，就会做一些不太费神的事，比如回复电子邮件或读读那些还没来得及读的书。

你可能与我完全不同。你可能会觉得，得先回复邮件，然后才能进入"天赋领域"，做更有创意的工作。也许这样的安排才能让你拥有良好的心态，因为你知道自己有时间回电话和回复那些短信和邮件。你必须知道最适合自己的方法是什么，并以此来设定工作节奏。然后尽力地坚持这样的工作安排。

你所做的是创建一种结构化的工作方式，这需要：

- 纪律
- 超级专注
- 抗干扰能力

以上是三个最好的做法。别指望只是在那儿坐着，然后大脑就能产生奇妙的点子，你得知道自己的效率峰值周期，并采取措施保证高效。

我想起了安德玛的首个大型广告活动，广告名叫作"保护这栋房子"，这里的"房子"指的是那些在关键时刻让你达到最佳状态的训练、劳动付出和友谊。所以，你也要守护好你的"房子"，使自己一天中最具创造力的时段免受任何影响。

到底怎么了

最后，用一个我的好友兼同事特里娜·格瑞的有趣故事来结束这一章的内容。她是托德·德金导师团中资格最老的会员，也是我指导了十几年的人。她在她的家乡密歇根州阿尔皮纳市拥有一家成功的医疗健康俱乐部——海湾竞技俱乐部,同时,她还拥有一家个人健身工作室——海湾城市健身会所。她是两个天才少年的母亲,一位了不起的企业家、教练和社区领袖,并且百忙之中仍有时间参与教会事务。

在我一年一度为期3天半的导师活动中,我请特里娜做一个有关效率峰值和时间管理方面的演讲。她演讲的题目是提高效率和专注力,她讲着讲着,忽然停下来,看着在场的100多名听众。

"各位,现在有个问题,"她开始说道,"问题叫作'到底怎么了'。"

"是的,我说的就是'到底怎么了',"她接着说道,"大家的关注点在哪儿?为什么每个人都在追逐生活中那些徒有其表的东西?为什么我们不能在需要的时候把注意力集中到需要做的事情上,这样不就可以不用再抱怨又有哪些事儿没做了?"

我的担忧一下子便化成了巨大的笑声。她说得太对了。我们经常发现自己在追逐一些徒有其表的东西,这些东西承诺会让我们快速成功,让我们的收入以前所未有的速度增长,甚至让我们能在几周内获得12块腹肌和如雕刻般轮廓清晰的身体。

得了吧。这会让我们失去生活的方向。就像那些参加职业高尔夫球巡回赛的选手给你讲的保持专注的方法:只想怎么做,不去想结果。

除非你比以前更专注,否则你永远无法高效地利用自己的时间和精力。当你专注的时候,你就会专注于做手头的事情,以此来取得胜利，迎来顿悟时刻，而不是迷失在未来，一心只想着事情的结果或者想着当事情一帆风顺时自己能享受什么回报。

所以，就是这么回事——年度路线图与战略计划、90天奇迹、"10种财富"转轮、"30天3个目标"、WLAG和每天的五大要事。这些练习将助你主宰自己时间、精力和注意力，守护你的效率峰值周期。

所以，请设定你的时间表，避免分心，还有一件事……到底怎么了!

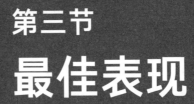

第三节
最佳表现
Quarter 3

第三节中，我会讨论训练、营养和恢复。这些除了会影响我们的体力，还对我们的心理和人体物质组成发挥着巨大的作用，并最终决定我们是否有一个清醒的大脑。

这都需要高度自律。但如果你能掌握本节介绍的这些技术、技巧、战术和小窍门，我向你保证，你一定就会有旺盛的精力、最佳的表现和无限光明的未来。

是时候练得对、吃得对，然后恢复好，像个冠军的样子了！

练成赢家

我讨厌训练的每一分钟，但我对自己说："不要放弃。不要放弃，现在受苦，才能以冠军的模样度过余生。"

——穆罕默德·阿里（Muhammad Ali），重量级拳击冠军

我喜欢灰色的连帽衫！

灰色连帽衫有种象征着艰苦训练的感觉。我想这要追溯到1976年《洛奇》的首映。我爱上了这个来自费城街头的强悍且失意的斗士。他有战士的精神，骡子般刻苦和冠军的头脑……我还喜欢看洛奇清晨在潮湿的街道上穿着灰色连帽衫跑步。

那件灰色连帽衫已经深深地印在我的基因里。灰色的面料让我想起了我的家乡，也提醒着我需要具备什么样的职业道德才能在生活的各个方面都做到最好。即使是今天，我很多时候也会在运动中穿着灰色连帽衫。

那我是必须要穿着灰色连帽衫吗？不是的，嗯，有时是的。视情况而言吧。

当我真的需要提醒自己提高训练强度和专注力的时候，就会把

灰色连帽衫的帽子翻起来。这时我就知道自己该加把劲了。

所有和我一起工作过的最好的运动员和冠军都能一下子就让自己进入这种状态。我的意思是，并不是所有的人都穿连帽衫，但他们都有某种方式来让自己明白：冲啊。他们充满动力，心无旁骛，会照我的要求去做，以此达到心中的目标。他们把训练作为铺就通往成功之路的基石。

我曾有千载难逢的机会来训练数百名全世界最厉害的职业运动员。我也有绝佳的机会来指导这个地球上某些最成功的男男女女，他们在世界上做着惊人的事情。这些人中有企业家、慈善家、医生，甚至著名的牧师。

我注意到：为了发挥最大潜能，他们在训练、调理、养生和健身方面都有着相同的思维方式。他们想要赢。

要让我说出自己最喜欢的客户，就像要我选出自己最喜欢的孩子一样，这是不可能的。但有一个人对我来说非常特别——"J博士"。我说的不是篮球运动员朱利叶斯·欧文（Julius Erving），他在20世纪70年代和80年代的美国篮球协会和美职篮中被称为"J博士"。我说的是大卫·耶利米博士，埃尔卡洪影子山社区教会主任牧师。他也是《生命转折点》的代言人，这个节目在全球2000多个电台和电视台播放他的布道和教导，并在网上供数百万人浏览。

在过去的5年里，只要没有出差，J博士就会每周三天早上7点来我的健身房。我清楚地知道自己要干什么：让他79岁的身体保持强壮，让他的头脑一如既往地保持敏锐。

　　如果你曾经读过耶利米博士的任何一本书，包括他最近的那本《你需要的一切》，那你一定感受过他在书中那充满《圣经》智慧的话语和充满洞见的教导。如果我能让他这样充满精力地活得更久，那我就觉得自己做了一件有意义的事。老天，他把他的最新著作《你所需要的一切》献给了我，这真是莫大的荣幸！

　　耶利米博士是我知道的最有激情、最成功和最有影响力的人之一，他的训练强度和专注度与我训练的任何一个职业运动员相比毫不逊色。他每天早上喜欢提前一点儿到——大概6：45，这样他就可以在跑步机上先热热身，然后再跟我做一个小时的训练。当他在跑步机上挥洒汗水的时候，就是我和他聊天的机会。他通常会讲一些有关正在准备的布道词的有趣见解，或者分享他深刻的智慧。

按下加速按钮

　　一天早上，J博士说着一些很吸引人的事情，但由于健身房里面很吵，我听得不是很清楚。所以我往他所在的地方挪了挪，生怕漏掉什么，但不知不觉中，右肘不小心靠在了跑步机上的红色"加速"箭头上。突然，跑步机的速度从3.5英里每小时飙升到8英里每小时。

　　当跑步机的电机被调到更高档位后，跑步带的运行速度立即飙升，以至于J博士一下子就被带着冲刺起来，同时双手拼命地抓住扶手。他的脸上露出了绝对恐惧的表情，双腿像奥运会短跑运动员一样来回翻飞。我们都知道，如果他滑倒了，失控的跑步带会把他射飞出去，造成严重的伤害。

当然，这一切都发生在电光火石之间。感谢上帝，我足够冷静，立即启动了紧急开关来切断电源。跑步机慢慢停下来后，J博士喘了口气，然后笑道："我已经好多年没跑这么快过了。"

我差点让美国最著名的一个牧师受了重伤。

两天后，我看到J博士在跑步机上热身。取笑我别再无意中按下加速按钮后，他分享了这样的见解："你知道，托德，有时在生活中，你需要有人帮你按下加速按钮。我们都会陷入困境，一遍又一遍做着同样的事，但有时需要一种外力来推你一把，让你用全新的视角来看待生活。所以我得谢谢你在周一做的那件事。"

不管J博士从这次跑步机事故中能不能得出有价值的结论，但他提出了一个很好的观点：在决定每周的运动量时，谁需要一个加速按钮？之所以这么问，是因为很多人说没时间锻炼。我明白为什么：事业如日中天，又有孩子要养，还得规划一大堆课外活动和安排假期，除此之外，总还有人要我们自愿参加社区的活动并投身到有意义的事业中去。

因为总得从我们的计划里剔除一些事项，而通常首先被剔掉的就是用来锻炼的时间。许多人假装自己根本不需要锻炼，而另一些人则用"明日复明日"的心态，觉得以后会再找时间来锻炼的。只有少数吃苦耐劳的人才会想办法从忙碌的生活中挤出时间来锻炼。

我不想给你来个抱摔，迫使你答应要定期锻炼。我希望做的是改变你的心态，让你知道坚持锻炼的重要性和好处。如果你选择在余生中不去在意自己锻炼的程度和频率，那你的寿命可能不会太长，生活质量也不会太高。

所以我恳请你现在就清醒过来。趁着为时不晚，做些保持身体健康的事吧。何必再等呢？即使你的健康状况多年来一直不佳，现在改变也为时未晚。在Fitness Quest 10，我看到人们以各种不可思议的方式改变了自己的生活——年轻人、老年人，以及介于两者之间的所有人——但每个人都有一个共同的心态：我决心要改变健康状况，身体不好对自己和家人都不好，现在就得清醒了。

也许在你的内心深处，你知道你的身体并没有达到理想状态。当然，这些年体重增加了，也不像以前那么有活力了，但你认为那是时间流逝造成的，就像接到垃圾电话一样不可避免。

好吧，我告诉你一个好消息，你可以把你的生物钟指针拨回去了。当然，衰老是不可避免的，时间不等人。但这并不意味着你得步履蹒跚地走向夕阳，拄着拐杖，总是在寻找公园中离你最近的那张长椅坐下来。如果从今天开始锻炼，你是仍旧能找回那些失去的岁月的。

让我们清醒一下，要记住，生活充满意义：我们的直系亲属、孙儿孙女、朋友、事业、爱好、消遣、对旅行的热爱以及辅助他人的机会。去年，我们一家人做的最令人满意的一件事，就是去蒂华纳帮忙打造了"建造奇迹"之家。我和我的孩子们觉得这给我们的家庭生活带来了真正的改变，也让我们能用正确的心态来看待生活中的事情——比如我们自己的房子。

抓住机会，让你的生活也有所改变。现在是时候加入健身者的行列了。无论你是刚开始，还是重新回到健身队伍里，抑或是一个狂热的健身爱好者，我相信下列10个步骤会改善你的力量、精力、体能，是的，甚至是你的心态。

那就练起来吧！

1. 一周里尽量多出汗

我在Fitness Quest 10里听到最多的一个问题就是：嘿，托德，我一周该锻炼几次？我想这是因为人们想知道自己最少能休息多久。

我的标准答案简明扼要："我建议你一周中的大多数日子都要出出汗，同时结合举重、调理和柔韧性训练，以此来调整身心状态。"

美国心脏协会建议每周锻炼150分钟，如果你把它分散到每一天的话，时间并不长。其实，我把150分钟——每天30分钟，每周5天——看作是最低限度。在这个锻炼时长的基础上，你练得越久，身体就会越健康。

这150分钟里，应该至少用一半的时间来做高强度运动，因为高强度运动会让你的大脑同时产生4种神经递质。我指的是由多巴胺、催产素、血清素和内啡肽这4种化学物质组成的兴奋剂组合。

如果你在早上锻炼，那么这些"让人感到快乐的化学物质"会让你在接下来的一天里摆正心态。如果你喜欢在一天的工作结束后再锻炼，它们就会舒缓你的心态，让你睡个好觉。有关这4种化学物质，最重要的一点是，它们对你精神上的帮助和身体上的帮助一样大。

现在需要考虑的最重要的事情就是在哪几天来锻炼。我希望你能承诺每周5天，每天做30分钟的某种形式的运动，然后以此为基础，不断加码。安排时间做高强度间歇训练，这是一种在短时间内做剧烈运动的锻炼方式，不过，要确保你在做高强度间歇训练的同时，用更温和的有氧运动来调剂一下。

准备好更进一步了吗？很好，因为你可以把下列这三种运动形式纳入每周的训练表：

A. 心肺/有氧运动。这种运动形式会使身体用氧气来转化成能量。换句话说，当心肺系统——心脏、肺部与流动的血液——在运动时补充能量时，身体就会以有氧的方式工作。有氧运动举例如下：

- 走
- 慢跑
- 游泳
- 划船
- 在跑步机、踏步机和椭圆机上运动
- 骑动感单车、固定式单车、山地自行车或公路自行车
- 参加各种高能运动，比如网球、壁球、篮球和排球等

虽然在过去几年，人们对稳态有氧训练评价不高，但我仍然是一个信徒。有氧运动对心脏和肺部都有好处，能燃烧脂肪，让人在运动后有很好的感觉。

B. 无氧运动。新的流行术语是"高强度间歇训练"，搭配着力量训练，它挑战着人体的乳酸阈值。乳酸是剧烈运动的副产品，已被证明可以刺激身体分泌有如睾丸激素、生长激素和促生长因子这样的激素，这些激素都有助于增加力量，减少身体脂肪和改变体脂率。

高强度间歇训练，也就是无氧运动，会使身体在没有氧气的情况下转换能量，因为这些运动对能量的需求太大。无氧运动类型如下：

- 通过举重或使用器材来进行力量训练
- 通过身体重量来进行的力量练习，如下蹲、弓步、俯卧撑、引体向上、仰卧起坐、弓步跳、蹲跳和波比跳。
- 冲刺训练——比如说，完成1个400米跑，2个200米跑，3个100米跑和6个40米冲刺——呼，累死了！

如果你想变得更壮、更轻，改变体脂率，就必须在每周进行2～3次高强度间歇训练，每次至少20分钟。这样坚持90天，再来看看效果。我敢打赌，到时候你的身形和状态一定会让你喜出望外的。

C. 拉伸/柔韧性。在锻炼中加入这部分内容会让锻炼达到完全不同的效果。这些活动能增加活动范围，分解疤痕组织，拉伸肌肉，对身体有巨大的好处，但在许多锻炼计划中并未得到充分重视。拉伸和柔韧性训练会让身体有机会从更剧烈的锻炼中恢复过来。

我建议在锻炼后至少做10分钟的拉伸，然后睡前再来15分钟。如果你这么做了，柔韧性就会得到改善，身体会恢复得更快，感觉也会好很多。

在一周里多出汗，这需要结合3种锻炼方式——有氧锻炼、无氧锻炼和拉伸。先做些让心跳加速的运动，比如快步走或在家周围慢跑一下，骑固定单车，或每周用几天时间在椭圆机上锻炼手臂和腿。然后再加点量——每隔一天就做高强度间歇训练，以增加力量和提高新陈代谢率。然后在第5天，你要上瑜伽课，通过拉伸练习增加关节活动度，防止肌肉拉伤，促进血液循环，让身体从其他锻炼中慢慢恢复过来。

最重要的是，你几乎每天都得锻炼，以获得那些让你感到快乐的化学物质。古希腊哲学家泰勒斯曾说过："健全的身体带来健全的心灵。"

2500年后，这些话听上去依然有道理。

2. 欺骗大脑——醒过来！

早上要做的第一件事是什么，这个因人而异。虽然对很多人来说，早上5点起床有些早了，但对我来说并不困难。因为我需要大约60分钟来完成晨间例行之事，我可不想慌慌张张地开始自己的一天。

不过，我得承认，有几次在早上醒来后，听到脑子里有个声音说，今天不想运动，或者要做的事情太多了，没工夫锻炼了。

遇到这种情况，我会跟自己玩儿个小把戏，我会对自己说：好吧，那我就出去走15分钟吧。陪我去的是泽西，我家的金毛犬，反正他早上也需要出去走走。

但很多时候，散步的时间可就不止15分钟了，而当三四十分钟后自己汗流浃背地穿着灰色连帽衫回家时，就已经准备好到家里的健身房里再好好练练了。15分钟的散步太容易变成半小时左右的高强度有氧运动了。

下次当你觉得时间紧迫时，我希望你这样做：告诉自己，你只运动15分钟，然后看看会发生什么。我相信，一旦出了汗，你就会把原来的想法抛诸脑后，只想继续运动下去了。

我对自己玩的另一个花招是查看数字。我的意思是，如果能看到过去半小时里自己消耗了多少卡路里或心率处于什么区间，那就会有足够的动力继续运动下去。为了掌握这些数据，我戴着Myzone心率带①——这是一条缠绕在我胸口上方的带子，能实时提供心率和卡路里消耗值，同时，也能显示自己在当天的运动中付出了多大的努力。

当发现自己在家庭健身房中晨练时消耗了400、500甚至600卡路里的热量时，我太喜欢这样的感觉了，因为这意味着可以把这么多的燃料统统补充回身体里去。（也就是说：我在吃燕麦片和

---

① Myzone公司专为俱乐部设计出的专业心率显示系统。——译者注

鸡蛋的时候，就不会有任何负罪感了。）心率带不仅能很好地激励我，而且我胸前的这条带子实际上也变成了一种责任。我玩的另一个把戏是告诉自己，我得在晨练中先至少烧掉400卡路里，才能开始做其他事儿。

Myzone心率带还能显示我在某个心率区停留时间的百分比。这样我就知道自己的锻炼是否达到了需要的强度。有5个不同颜色的区域：

- 灰区：50%～59%的运动心率位于最大心率
- 蓝区：60%～69%的运动心率位于最大心率
- 绿区：70%～79%的运动心率位于最大心率
- 黄区：80%～89%的运动心率位于最大心率
- 红区：90%～100%的运动心率位于最大心率

当我散步时——我叫它"感恩之行"——不管带不带上泽西，我都喜欢让心跳处在蓝区或绿区，也就是差不多65%到75%的范围。在健身时，我喜欢让心跳处于绿区或黄区。而当我在做短跑或激烈的间歇循环时，黄区和红区就是我的理想心跳区间了。

对于整个社区来说，这也是一个很好的工具。在Fitness Quest 10，每个佩戴Myzone心率带的人都可以通过无线的方式连上我们的主电脑，心率读数会被统计出来，并以表格的方式发布在遍布健身房内的电视显示器上。如果有30个人用了Myzone心率带，其中大部分人处于绿色心率区，而我的8个同事却处于黄色和红色心率区，那么那些处于蓝色心率区的人就会想要加把劲，让自己喘气喘得再厉害些。

我也会用Myzone心率带来追踪我训练的运动员，即使他们不在Fitness Quest 10时也一样。如果某位NFL球员在休赛期去夏威夷度假，但正开始为球队迷你训练营恢复体能，或者在附近的健身房慢跑或举重，而他正戴着Myzone心率带，那我就可以通过手机上的应用程序看到他燃烧了多少卡路里，以及他的最高心率在哪个区。这项技术太好啦。

何不用这项技术来让自己更有动力去锻炼？不管你有多大年纪，量化训练区间、最大心率和在锻炼中付出的努力，这都能起到激励作用。

记住：你得在一周里尽量多出汗。虽然我更喜欢在一天中最神奇的时间里锻炼，但只要能在睡觉前找个时间出点儿汗，你就一定会体验到完全相同的效果。

3. 记住，肌肉是神奇的，动一动，纵享顺滑。

给你讲讲有关鲍勃·希尔的事吧。

他跟我训练了20年，每周至少一天，然后再用两天时间进行力量训练。

他为什么要这样做？因为他仍然希望自己能有好气色。而且作为一名单身人士，他还想品尝爱情的滋味。

对了,我是不是还没给你说过,鲍勃已经78岁了?

鲍勃明白,在他这个年纪——这也适用于所有人——绝对需要加强肌肉,因为随着年龄的增长,我们的肌肉组织会慢慢流失。在40岁到60岁之间,如果我们不主动健身的话,每年平均就会失去半磅的肌肉,并增加大约一磅的脂肪。此外,随着年龄的增长,肌肉和骨量的流失会导致我们的内脏和心血管系统恶化。

为何肌肉如此重要?

- 进行日常活动需要一身强壮和健康的肌肉。所以我们才称之为功能性训练。
- 力量训练可以增加去脂体重,它包含骨骼、韧带、肌腱、内脏和肌肉的重量。去脂体重越高,你的衣服就会更合身,身形也会更好。

每周做2天力量训练是个不错的目标,不过3天更好。一般来说,每次花20~30分钟的时间就够了。如果你没有在健身房健身,那么可以做各种体重训练,比如平板支撑、俯卧撑、下蹲、引体向上和弓步蹲,它们的效果都非常好。虽然我喜欢健身场馆里那种充满能量的环境,但你也可以在家里做运动。最关键的是,你得动起来。

我们大多数人都有足够的体重来进行一些非常好的力量训练。但如果你想给自己加加码,就可以考虑下面这些我最喜欢的运动工具:

- 哑铃
- 杠铃
- 壶铃
- TRX悬挂训练器
- 超级弹力带
- 运动绳

我给青少年、家长、职业运动员，还有耶利米牧师或鲍勃·希尔训练时，很多时候都要用到这些工具，所以它们也算是我"吃饭的家伙儿"。

走出去，动一动你的身体。锻炼肌肉，变得强壮。你不仅会身体变得更强壮，也会感受到使自己心态转变的神奇魔力。

4. 做循环训练

我喜欢的一种锻炼方式是循环。我的意思是，将两三个力量和调节训练组合在一起，并在设定的回合数或时间内完成一个循环。

我在自己的大多数客户身上用的就是这种方法，因为它省时、有效，并能保持较高的新陈代谢。循环式训练可以改善身体的力量、能量和调节功能，你可以在不到20分钟的时间里完成2~3个循环训练。

以下是有关基本循环训练的3个例子。

循环一：全身体重轰炸

1．俯卧撑（10个）

2．深蹲（20个）

3．开合跳（30个）

　　做3组

循环二：能量冲冲冲！

1．弓步下蹲（20个）

2．屈臂悬空（越长越好）

3．平板支撑（一分钟）

　　做3组

循环三：正心达人

1．壶铃甩摆（10个）

2．TRX背部划船（10个）

3．波比跳（10个）

　　在5分钟内做的组数越多越好

　　为了进一步扩大战果，你可以早上出去散步、慢跑或快跑20分钟，然后回到家里或健身房，完成20分钟的力量循环训练。你的目标是每周进行3次力量训练，每次20到30分钟。如果你能坚持这么做，我向你保证，你的体脂率就会发生变化，头脑也会变得敏锐起来。

5. 良好的柔韧性和健康的筋膜会让你感觉良好

想当年，我还是一名职业橄榄球运动员，希望通过打欧洲橄榄球联赛进入NFL。但是在法国艾克斯，我跑出口袋区域后，两名后卫全速扑向了我，那一刻我的梦想被撞得稀烂。我现在都还能感觉到他们的头盔撞碎我腰部的骨头时的疼痛感。好疼！

我的腰部受了重伤。随后医生发现我椎间盘突出3节、椎管狭窄以及75岁的老人才有的脊柱退行性病变，他们表示无能为力了，尽管我当时只有25岁。

2个月后我回到美国，每天都要吃止痛药才能挨过去。我没法动弹，我在各方面都需要帮助。

姐姐帕蒂给我介绍了一个叫杜布·利的人。他是按摩和身体护理方面的专家。我想着自己反正也没什么损失，所以就去他那儿试了试。他用手指和手肘猛力按压我的髋部和背部的很多不知名的地方。伙计，那滋味儿太难受了。

但没想到，杜布·利帮我渡过了难关，我的背感觉好多了。而且，杜布的按摩让我的髋部更加灵活了。另外，我还在此过程中对筋膜有所了解。

筋膜是一种像蜘蛛网一样的物质，缠绕着身体的每一块肌肉、肌腱、韧带、神经和骨头。这种像胶水一样的组织把我们从头到脚、从左到右、从前到后地连接了起来。我们整个身体就是一个大的筋膜鞘，因此我相信筋膜会把身体、心理、情感和精神上的痛苦和创伤保留下来。很多这样黏状废弃物都会留在筋膜里，如果不把它们清除掉，筋膜就会溃烂，最终让我们得病。

如果你跟我一样，背部受伤，髋部发紧，或深受头疼或足底筋膜炎的折磨，你可以考虑做深层组织按摩，以此来消除附在你筋膜上的那些垃圾，提高身体的柔韧性和灵活度。我还是泡沫轴滚压的拥趸，这是一种自我按摩的形式。它能促进血液流动，去掉筋膜上的粘连和其他"节点"。

柔韧性和灵活度不是一回事，要保持整体健康和良好的自我感觉，这两者都至关重要。柔韧性来自肌肉的伸展程度，而灵活性来自髋部、肩部或四肢关节的灵活度。

我们的年龄越大，就越需要经常花时间来进行柔韧度和灵活性训练。我给你的任务是：每天至少进行10分钟的拉伸或灵活度训练。

6. "不找借口"

在做部分膝关节置换手术前的3年里，我不能跑步、下蹲或做弓步。但这并不意味着不能做俯卧撑、卧推、高滑轮下拉、TRX练习、核心训练，甚至用哑铃做点儿"手臂运动"。即使膝盖有问题，我也不会不锻炼。

我知道每天的运动必须要有利于自己良好心态的发展。我这么做不是为了继续保持健身，而是为了克服病痛。

很多人和我一样，病痛缠身。我明白，如果听之任之，那么挥之不去的疼痛会让你的精神饱受消极影响。但如果你不运动，疼痛就会让你在无边的消极或抑郁中越陷越深。

今天就动起来吧，即使你正在遭受疼痛的折磨。如果你的上半身不舒服，那就训练你的下半身。如果你的下半身有伤，那么一定要训练你的上半身。忽略那些你不能做的事，将所有的注意力都放在你能做的事情上。

如果你在伤病康复期间接受了理疗师、医生或脊椎按摩师的治疗，请继续进行全身练习，这样才能全身健康。毕竟，你需要考虑的远不只是膝盖、肩膀或背部。

7. 和你生命中那个特别的人一起锻炼……加入健身俱乐部

和配偶一起训练，一起上瑜伽课，或者一起去散步，都是锻炼身体的好方法，同时也可以和你的另一半"共度美好时光"。我喜欢和梅兰妮一起运动，不管是做负重训练还是和泽西一起在附近散步。生活中的杂念会被抛到一边，我们会聊聊孩子们的日程安排，即将到来的事情，以及未来的旅行计划。共同祈祷的一家人永远都会在一起，我相信每对在一起锻炼的夫妻也会拥有天长地久的爱情。

说到关系，这也是我相信到健身房锻炼有其好处的一个原因：找到志同道合者。无论你是与家庭成员或伙伴一起还是独自一人来到健身房锻炼，当你选到了合适的健身场馆时，就会加入一个由志同道合者组成的大家庭，这些人都有一个共同的愿望：获得健康的身体，实现幸福的人生和成功的事业。

在健身房里建立的人脉往往会带来远超健身课程本身的影响。通常只有在团队工作和健身房里才会结成这样的纽带或友情。这就是在一起流汗的神奇力量！

8. 充实例行训练的内容——不要忘记自然的力量

充实例行训练的内容，对想要练成赢家的人来说这一点非常重要。因为人们往往会习惯于千篇一律的内容，很难再跳出来。那些做普拉提的人只是在做普拉提，做举重的人总是在举重，而那些从不错过瑜伽课的人，则只会做瑜伽。

你得来点儿新花样。总用同一套锻炼方法不仅无聊，还会妨碍你达到自己的健身目标。一定要记住一个关键词：交叉训练，它是举重，有氧运动（步行、慢跑、快跑、骑车和游泳），练瑜伽和做普拉提等活动的组合。每天交替着做不同的运动，可以提高体能，免受伤痛的困扰。同样，之所以要选一个合适的健身场馆，还有一个原因：它们有各式各样的健身项目，能让身心都得到充分的锻炼。

也不要忘了大自然的馈赠。我喜欢在山里运动，这对身体、思想和心灵都有好处。当我在科罗拉多州或犹他州的山区时，我的思路最清晰，想法最高妙，那里嶙峋的山峰上点缀着些许雪丘，即使在夏天也是如此。我总是在那里思考如何扩大我的业务，发展我的导师团，利用社交媒体来传播自己的想法。

我们大多数人并不住在科罗拉多州和犹他州，无法一走出家门就能看到这些美丽又令人敬畏的山脉。但无论你住在哪里，无论是靠近大海、湖岸或是自然保护区，还是身处大都市，你总能在公园或风景秀美的地方散散步，或者来一次远足和骑骑自行车。如果没有这样的地方，那就给自己找一个！

9. 天气变得又冷又差的时候，就出去走走

当外面阴雨连绵、寒气逼人的时候，那就出去运动一下。你可能觉得我疯了，但我的一些最难忘的训练就是冒着冰冷刺骨的雨雪在赛道上完成的。

当天气变得差劲时，虽然自知全身上下会变得又湿又冷，但还是会穿上自己喜欢的那双最旧的跑鞋和灰色连帽衫，戴上一顶小帽，然后蹦出家门。不过，伙计，回来的时候，我的自我感觉会非常好。我的心态从"哦，下雨了。我不能出去……"变成了"没什么比在暴雨中尽情奔跑更能让自己感觉活力四射的了"。

下次下雨或变冷的时候，不要待在屋里。出去走走，来场夜跑，或者做你最喜欢的户外活动。有时候，你跟大自然来个亲密接触才能完全唤醒你的感官。

试试吧——你可能会喜欢上它的。

10. 找个好教练——这笔投资是值得的

纵观我的健身职业生涯，我的目标不是成为最好的私教，而是成为最好的教练。

教练能激励人。

教练能鼓舞人。

教练让人们变得更好。

而这也是我希望你做的——让你能更好地做每件事！

当在一群私教和教练前演讲时，我会告诉他们，一个好的教练不仅会改变一个人的身体素质，还会改变那个人的心理状态。任何人都能拿着块笔记板数别人做了多少次，但一个好的教练能改变生活，创造未来，完善目标，引领方向。我一直相信教练的力量，这也是让职业运动员来找我的原因：我们都需要一个教练让我们更上一层楼。

一个伟大的教练了解什么能鼓舞你，并对你的未来有一个愿景，所以一个伟大的教练会让你做你不想做的事情，这样你就可以成为你想成为的人。

哪三次锻炼让你最爽

哪三次锻炼——或体育活动——让你非常爽？

来说说我的这三次。我永远不会忘记在犹他州鹿谷的那次滑雪经历，我们一边从山坡上飞驰而下，一边用手机为我的粉丝录制视频。另一次是和我所有的NFL球员一起做的海滩训练，我们的脚陷在沙子里，感受着七月的滚滚热浪。最后，还有1月份去犹他州帕克城做雪鞋健行的那个早晨，这让我有机会体验到在一片原始雪地中的孤独与平和。

所有这些都与自然有关，所以出去享受一下大自然吧——这对心灵有好处！

前达拉斯牛仔队橄榄球教练汤姆·兰德里一针见血地指出："教练会给你说你不想听的话，让你看到你不想看的东西，这样你就可以成为自己在心里一直知道可以成为的那个人了。"

有一点要明确，我不是说只是雇个私教来让你更好地健身。我是说雇一个教练来帮你克服前面提到的那些疼痛、疾病和伤害，并让你摆正心态。找一个离你近的优秀教练，然后看看训练是怎样迅速地影响到生活的方方面面的。

除了健身教练外，还有其他类型的教练。也许你需要一个生活教练、一个商业教练、一个财务教练，或者一个精神教练。所以我来问问你：你觉得自己在哪方面最需要帮助？提升工作中的领导力？增强自信心？建立更有效的沟通技巧？在工作中表现得更好？

我一直在寻找好的教练来指导自己的个人生活和职业生涯。多年来，我参加了大量的"教练研讨会"，并且花了大价钱去听像托尼·罗宾斯、罗宾·夏尔马、阿里·布朗和乔·伯雷西这样的顶级演讲家的演讲，对于在当今世界取得成功需要什么，他们都分享了自己的观点。我曾请过营养方面的教练，还有商业方面的教练。

我如此相信教练的一个原因是因为相信"成长的心态"，并且渴望学习新的知识。所以我喜欢读那些用来自学的书籍，听那些所谓的思想领袖的播客。

我是其他企业家、高效人士和健身专家的教练，我想为自己所指导的人提供最好的商业和生活指导。近15年来，我一直带着自己的优秀团队，通过现场静修，每月的教练电话，网络研讨会，脸书私人小组以及一个满是独家内容的"会员专享"网站，为大约200名健身场馆的业主、领导者和训练师提供辅导。此外，我还有多个培训项目，这些能够帮助其他具备"成长心态"的人拥有出色的表现，我对此感到非常自豪。

你成长的程度决定了你成就的大小。

最后的感想

在本章的最后，请允许我讲一个关于传奇篮球教练约翰·伍登的故事，他的执教理念被写进了他的《伍登教练成功法则》一书中。伍登教练临终前，有人问他在去世前是否希望改动书中的什么内容。

"我不会改变任何一句话。"伍登说道，"严于律己，别人没必要严格要求你。"

但伍登教练确实说过，在创建他那著名的"成功金字塔"时，他犯了个错误。金字塔底部的那些词——它们奠定了成功的竞争——有：勤奋、友谊、忠诚、合作和热情。

教练准则

不管是对于教练还是对于学员，都能从教授过程中受益，对于这一点，我是有亲身经历的。我不仅见证了自己生命中那令人惊异的成长，而且也亲眼看到，教练改变和影响了成百上千的生命。我相信所有伟大的教练都有以下7个共同点：

1. 充满关爱。我喜欢这句话："人们不会在乎你知道多少，除非他们知道你有多在乎。"

2. 愿意倾听。伟大的教练听得多，说得少。一旦开口，语言会充满了智慧和经验。

3. 让你为自己的行为负责。优秀的教练不仅提供指导，告诉你正确的练习方法，给你一张项目清单，而且他们会让你对自己的行为负责。

4. 善于激励。优秀的教练知道如何让学员充满斗志。

5. 拥有成长型的思维习惯。优秀的教练不会安于现状，他们会不断地成长和学习。

6. 拥有冠军的心态。胜利会导致更多的胜利，就像失败会招致更多的失败一样。

7. 乐于助人。伟大的教练都有强烈的目标和使命感——这是他们的使命。所以他们乐于助人。

他说，还应该再加一个词。

这个词就是爱。

"如果不是因为爱，我永远不可能赢得所有这些冠军。我爱我的球员，我的球员也爱他们为之奋斗的事业。"

哇哦!

你有一个为之奋斗的事业——让自己在生活中达到最佳状态……现在开始! 没有任何借口。不管有什么限制条件，都可以克服。你让自己的身心得到同等的锻炼。不管你喜不喜欢做，都要做。你练得最好的时候就是不想练的时候。由此产生的成就感，再辅以锻炼过程中释放的内啡肽和荷尔蒙，会使你会沉醉其中的。

我希望你思考一下自己应该在日常训练中投入什么。我向你保证，你在这方面所做的投资将拥有最高的回报率。我希望你感觉自己像个百万富翁。你只需要做一件事，即开始动起来。来吧，设定一个可怕的目标，跑5公里、10公里或者来场斯巴达勇士赛①。不管摆脱困境需要做什么，我都希望你能再接再厉，让自己的训练百尺竿头更进一步。

所以，穿上灰色连帽衫，放着《洛奇4》的配乐，快来做点儿俯卧撑吧。

我们健身房见——不过你可得小心点儿。我可能会靠在你的"加速"按钮上!

---

① 斯巴达勇士赛，全球障碍赛，赛道长度5公里到21公里不等，障碍数量21个到50个不等。

关键点7

合理的膳食带来清醒的头脑

你的食物就是你的医药。

——希波克拉底（Hippocrates），古希腊医师

我成长的过程中，妈妈几乎每天晚上都会做同样的东西：意大利面和面包。

对于坐在餐桌旁的八个饥肠辘辘的小家伙来说，一大盘煮熟的意大利面或意大利通心粉和一锅热气腾腾的番茄酱总能让人眼前一亮。一个装满法棍切片的篮子——我在切片上涂上厚厚的黄油——被传一圈，我们就着美味的意大利面，吃得饱饱的。我喜欢吃富含碳水化合物的饭菜，却不知道，妈妈已经尽力节省饮食开支，一元钱掰成两半花了。无肉的意大利面和面包是她能提供的最物美价廉的饭菜，特别是这些正在长身体的孩子们还要吃第2盘和第3盘。

我20多岁上了大学后，意大利面仍然是我的最爱。刚开始和梅兰妮约会时，我很快就知道她能做出很棒的意大利面和肉酱。意大利面、肉酱和一块面包就成了我们婚后的经典菜肴，不过，这时我已经在食谱中加入了很多蔬菜和美味的沙拉。可我还是喜欢在晚餐吃黄油面包，我已经养成了在白天漫长的工作中不吃饱的习惯。

晚上回到家后，饥肠辘辘，就会吃一肚子的碳水化合物。而且我说服自己，一周中的大多数晚上我都应该奖励自己吃甜点。

差不多婚后5年左右，我注意到自己的体重飙到了225磅——如果我还在打球的话，这个体重很不错，但稍不留神，就会导致中年肥胖。我必须严肃对待营养问题，防止身材走样，充沛精力，并让头脑时刻保持清醒。

自从在15年前想明白之后，我就转变了自己的整个营养模式。我阅读了这方面的书籍，找了备餐公司帮自己做旅途中食用的快餐，放弃了晚餐时的面包和多余的碳水化合物，也很少吃甜点。在做出这些改变后，我的体重下降了25磅左右。

目前，我的体重保持在197～205磅之间。这么多年过去了，我现在比以往任何时候都清楚地意识到，如果吃得不对，那就没法感觉良好，身体状态也会变差。我也无法拥有正确的心态，无法拥有健康、精力和活力。没有这些东西，我就什么都没了。

我们要用清醒的头脑来对待自己的饮食。拥有健康的意思可远不止不大部分时间不生病，或避免重大疾病。健康意味着早上一醒来，就准备去出出汗，然后过好这一天。健康意味着元气满满地投入一天的工作，并能与你的孩子一同成长。健康意味着幸福地生活，而不仅仅是活着。

我还了解到吃对大脑健康的重要性。在狂吃碳水化合物的那些日子里，我以为所有的面食和面包都成了身体的燃料。事实是，垃圾碳水化合物是低劣的燃料。开始改变营养结构后，我了解到自己真正需要的是全谷物、绿叶蔬菜、鳄梨和坚果这样的食物。它们能有效地增强记忆力和降低阿尔茨海默病发病风险。吃营养丰富的食物不仅是聪明之举，今天吃得对了，明天——以及未来的几十年——才能抵达成功的彼岸。希望你也能了解这一点。

本章只会涉及很浅的内容。你可以在附近的书店找到几十本关于营养膳食的书。我不会说你是否适合生酮饮食、阿特金斯饮食或原始人饮食。我意识到的是，大多数人甚至连营养膳食的基本知识都没掌握，所以更好的方式是，先掌握好这方面的基础知识。然后，你的感觉就会更好，气色会更好，心态也会更好。你会精力爆棚，拥有更加敏锐的注意力，并能量满满地抵达成功的终点。

下面我会分享6大正确膳食秘诀，助你将身体和心态都调整到正确的状态。不要不看这些内容。膳食营养很重要，但我也相信，我们可以享受食物和饮料带来的美好时光。

所以，让我们开始吧，祝你胃口大开。

秘诀1：成功需要水分

相信我，只要白天没有摄入足量的水分，我的身体就会有反应。

反应就是，半夜醒来，得忍受有史以来最痛苦的腿部抽筋。当凌晨一两点我的股四头肌或腿筋中的一块肌肉痉挛时，我会疼得几乎咆哮起来，因为那种尖锐和强烈的疼痛感真是太难受了。

"哦，我的腿！我的腿！"

我也会吵醒梅兰妮，因为得把一条腿直直地举在空中，寻找一种能减轻抽筋痛苦的姿势。如果抽筋没有好转，她就会把我挪到地板上，然后我就会在那里痛苦地扭动着身体，直到不再抽筋为止。症状缓解后，我会做些拉伸运动，并马上喝一大杯水。有时我会加点儿喜马拉雅山海盐，或喝些电解质饮料。

说到补水，水永远是我的最佳选择。水是体液完美的替代品——一种无味、无色、无卡路里、无糖的物质，它可以调节体温，将营养物质和氧气输送到细胞中，保护器官和组织，清除体内的毒素，并帮助你保持体力和耐力。

人们喝水总是喝得不够，而且喝的其他饮品又不太健康——我是说苏打水、含糖果汁和加了焦糖和发泡鲜奶油的摩卡咖啡。用水补充身体的水分对我们的健康来说至关重要，因为身体会用这些液体来排出废物和降温。

那么一天该喝多少水呢？简单的回答是：比你现在喝得多。我知道每本健康书上都说要"一天喝8杯"，但这对大多数人来说并不现实，因为他们每天喝的水连3杯都没有，更别说8杯了。很多人认为，如果喝那么多水，他们会总是上厕所。事实上，你身体66%的成分都是水，所以你需要的水比你想象的要多。

对于最低补水量，一个好的经验法则是，每一磅体重喝一盎司[①]的水。我的体重通常在200磅左右，所以如果我不进行大量运动，每天就该喝100盎司的水。如果我像健身达人那样锻炼，需要

---

① 1盎司约为29.57毫升。——译者注

喝的水也就多得多了，差不多十几杯。

水，是上帝创造的一种不可思议的资源，对身体有许多妙用：

● **减少关节疼痛。**充足的水分能润滑关节，可预防痛风发作。

● **帮助消化。**水有助于消化道内食物的分解，使营养更易被吸收。水还能软化粪便，防止便秘。

● **提高器官的功能。**水可以帮助身体将废物排出体外，减轻肾脏和肝脏的负担。人体几乎所有的主要系统都依赖水来发挥作用。

● **缓解头痛。**如果你受紧张性头痛的困扰，即头部有紧缩或压力感，这就是你脱水的迹象。

● **清除脑雾，帮你做出更好的认知决策。**科学研究表明，水在大脑功能中起着重要的作用，大约75%的大脑过程都是在水的参与下进行的。脑雾不是一种医学诊断结果，而是指注意力不集中、精神错乱和思考效率下降等症状。

● **提高健身效果。**当年，在橄榄球运动员的整场训练中，他们被告知要"忍住"，一口水都不喝。阿拉巴马红潮队的传奇教练贝尔·布莱恩特（Bear Bryant）禁止喝水休息，以此来考验球员的韧性。

布莱恩特教练可能认为他是在让他的队员变得像钉子一样坚韧，但这其实只能让他们陷入困境。我曾告诉我的运动员，如果身体缺水，那就好比要让一辆没油的车跑起来。你也许能让发动机转起来，但在崩溃之前，你不会走得很远。你需要不断地为身体补充水分，而补充的方法应是喝纯净水，这才是最好的补水良方。

● **增肌。**水对于肌肉的增长是绝对必要的，因为它能帮助形成蛋白质。此外，肌肉是由神经脉冲控制的，所以，神经的电刺激和肌肉的收缩——比如说在举重过程中——都依赖于水和电解质。肌肉生长需要合成蛋白，若没有足够的水来启动体内蛋白质的合成过程，就永远无法形成肌肉。

- **缓解压力**。研究表明，脱水会使你的皮质醇水平升高，这是一种压力激素，所以水喝够了就能缓解压力。但问题是，不管是在工作场所还是在家里，很多人压力一大，就会忘记喝水。下一次，如果你感觉世界的重量都压在自己的肩膀上了，那就去喝瓶水吧。

说到补水，请记住，纯净水对你身体的益处远大于这些饮料：咖啡、茶、酒精饮料、运动饮料、能量饮料、牛奶、调味水、果汁和苏打水。

最后，如何判断自己是否补充了足量的水分？

首先，如果补水充足，就不会有口渴的感觉。口渴的时候，大脑会产生一种缺水的感觉，身体越需要水，这种感觉会越强烈，并促使人喝水。那就找些水来喝吧，因为当感到口渴时，身体已经处于2%～3%的脱水状态了。而当你的身体不缺水时，口渴的感觉就会受到抑制。

脱水的另一个明显的标志是尿液的颜色。淡黄色或"稻草色"的尿液意味着身体已经补充了足量水分。亮黄色或全黄的尿液表示，肾脏告诉身体要多保留水，因为它需要这些水来排出废物——换句话说，你脱水了。而深黄色尿液则可能意味着你最近吃了一堆补充剂，包括巨量的维生素C，身体把这些东西给"尿了出来"。

我关于水的最后几个诀窍：不要靠是否感到口渴来判断身体是否缺水，尤其是当你已过中年，因为50岁以上的人更有可能不会像年轻人那样有口渴的感觉。（像"喝水提醒"这样的应用程序是能够帮上大忙的。）

在你的办公桌上或家里随手可及的地方放瓶水。此外，用不锈钢保温水杯来喝水，不要用塑料瓶。塑料瓶因为车内温度升高或被太阳下暴晒而变热时，就会向水中释放毒素。这对健康可不好。

最后，因为你很可能在缺水状态下醒来，所以早上第一件事就是喝至少340毫升的水，水里可以再点儿喜马拉雅山海盐，其中含有微量的钙、钾和镁，再加一点柠檬汁，有助于增加身体的碱性。在你早上喝咖啡，吃早餐，锻炼，或做任何事之前，这是个非常好的补水之法。

为你干杯——希望很快能在健身房看到你拿着水壶的身影！

秘诀2：糖是魔鬼

不要忘了，在20世纪七八十年代，我是吃着意大利面和大量垃圾食物长大的，最后好不容易才戒了喝碳水化合物的瘾。我是说那种全是比萨饼、意大利面、冰激淋、糖果和苏打水的饮食。

每一餐都要吃高糖食物，这可是标准的美国饮食。早餐是甜麦片；零食吃的是含糖的丹麦小吃和咖啡；午餐是苏打水、薯片和饼干；晚餐则辅以各种甜点。那么我们吃了多少糖呢？根据美国国家卫生服务机构的数据，平均每年吃152磅（或每周吃3磅）的糖。这相当于每天42茶匙的糖，这太疯狂了！

麻烦的是，市面上销售的所有食品几乎都含糖，不管是番茄酱、沙拉酱，还是酸奶或烧烤酱。吃加工食品——我是说任何通过生产线或在餐馆厨房中做出来的东西——的时候都得小心，因为制造商可能往里面加了糖，让它们吃起来更美味。

看看现在几乎所有食品的标签，你会发现像玉米糖浆、高果糖玉米糖浆、蔗糖、玉米甜味剂、高粱糖浆、浓缩果汁和糖蜜这样的成分。更健康的选择是用蜂蜜、枫糖浆、脱水甘蔗汁或未精制的糖来增甜。

食品制造商知道我们都喜欢吃甜食，与其他人一样，我也喜欢。我不知道有多少次，晚上9点睡觉前徘徊在食品储藏室附近，并与一袋裹着巧克力的杏仁进行灵魂对谈。

这个时候，我知道自己在玩火。如果这场灵魂对谈的时间太长，我就会引火烧身。有人知道我在说什么吗？

我必须端正对甜食的认识。每次站在储藏室前，都会问自己，我真的想吃这种甜食吗？我需要吃吗？

当然，我用不着在睡前20分钟吃一把裹着巧克力的杏仁来熬过漫漫长夜。不过，我确实想吃，所以只能尽力告诉自己，托德，忍着点吧。你现在不会吃这些东西的。

但那些裹着巧克力的杏仁会给我说：那就只吃几颗吧。

这个时候就需要坚强的意志力了，因为你我都知道有的时候是心有余而力不足。我们都知道，面对着这些美味的巧克力，不可能只吃一小口。你必须用意志力抵抗住美食的诱惑，最后摆正心态。

如果打赢了这场仗，那么下次再和那些裹着巧克力的杏仁做灵魂对谈时，可能就容易得多了。

当然，如果一开始就不买这些零食，这一切就可以避免了，所以买东西的时候要谨慎些，远离店里的那些饼干、松饼、纸杯蛋糕、冰激淋、糖果棒以及那些放在收银台的诱人点心。别一冲动就把那些甜品买回家，因为欲望来的时候——而且欲望肯定会来，心灵与身体会发生争斗，心中会有个声音说："我想要我的零食，我现在就想要！"你要待在杂货店卖农产品、肉类和奶制品区的地方。这样一来，你的状态就会好很多了。

我不是说不能吃糖。我是说，减少甜食的摄入量会更好地维持你的能量，改善你的整体健康，并助你摆正心态。

秘诀3：在膳食中加入宏量营养素——蛋白质、脂肪和碳水化合物

人们对"宏量营养素"——更通俗的说法是蛋白质、脂肪和碳水化合物——以及它们是什么有诸多困惑。让我来厘清这些概念，并提供一些指导原则。照着做，你就可以变得更健康，更有活力。宏量营养素是你的主食，必须认真对待。

我不会断言你的膳食中宏量营养素所占的比例，因为我相信每个人的情况都不一样。我要说的是，只要掌握我在本节中提出的建议，你的健康和综合体能就会有显著改善。

1. **猛吃蛋白质**。蛋白质是人体的重要组成成分，是人体细胞、

器官、组织和肌肉的结构、功能与调节所必需的。蛋白质一般来源于肉类、鱼类、蛋类和奶制品，以及坚果、豆类和扁豆。我们需要吃蛋白质，因为它为体内的营养物质、氧气和废料的运输提供养料。

吃大量的鸡肉、牛肉、乳制品和豆类这种高蛋白食物，可以增加食物从胃到肠道的停留时间。这意味着饱腹感会持续得更久，不会很快就饿了。关于蛋白质，请记住：如果它是畜养的，那它一般就能吃。而且这些动物的腿越少越好，也就是说鱼比鸡肉好，鸡肉比牛肉好。

蛋白质可以增加肌肉组织，让身体强壮起来。如果要听我在蛋白质方面的建议，我会鼓励大多数从事高强度训练活动的男性按照每磅体重摄入0.8～1克蛋白质的比例摄食。所以，如果你是像我这样的200磅重的男性，那每天就应摄入160～200克的蛋白质。

同样，对于大多数希望改变体脂率和变瘦的女性客户，我的建议是每天每磅体重摄入0.6～0.8克蛋白质。因此，一个150磅的女性每天就应摄入90～120克的蛋白质。

在我讲下一点之前，还有一个小窍门分享：如果你在白天忍不住想吃糖或甜点，那就吃点儿蛋白质含量高的零食。我最常吃的零食或甜点是巧克力杏仁奶外加两勺蛋白粉。这种"奶昔"有惊人的魔力，能满足我对糖的渴求，并在瞬间为我提供约40克的蛋白质。

2. 增加健康脂肪的摄入量。许多食物中的脂肪对我们很有好处，既能提供集中的能量来源，也是构建细胞膜和产生各种激素的原料。此外，脂肪还能提供饱腹感。如果食物中没有脂肪，我们吃完饭没过多久就会感到饥饿。我们只要保证吃的是健康的脂肪就行了。

所谓健康的脂肪，比如说野生的鱼、羊肉、牛油果、有机奶酪，以及坚果和坚果酱。"不健康的脂肪"包括大多数包装产品中的氢化植物油以及人造黄油。

3. **用复合碳水化合物替代简单碳水化合物**。碳水化合物有两种存在形式：简单碳水化合物和复合碳水化合物。简单碳水化合物存在于糖果、甜食、果汁、苏打水、白糖和红糖中，能快速补充能量，但缺乏各种维生素、矿物质和纤维，这就是为什么他们有时被称为"空卡路里"。也别吃那些用精制白面粉制作的产品，比如市面上卖的那些面包、百吉饼和意大利面，以及含糖量很高的早餐麦片。

另一方面，由于富含纤维，复合碳水化合物在消化道中需要更长的时间来分解，因此对身体更好。含有复合碳水化合物的食物包括绿色多叶蔬菜、全谷物、燕麦片、麦麸谷类、糙米、红薯和由非精制全麦制成的意大利面。燕麦片是我最喜欢的早餐，也是开始一天的好方法。

碳水化合物之所以有问题，是因为我们吃了太多的精制碳水化合物。我活了几十年，看到人们吃的零食都换了好几茬了。孩子们曾经吃苹果和橘子，但现在他们吃的是皮条一样的水果糖。成年人曾经没事儿就吃一把生杏仁或腰果，但现在他们更喜欢吃裹了糖的蜂蜜烤花生。以前，鲜榨橙汁曾是早餐的主食，现在一家人喝的都是加了人工调味剂的橙汁饮料，跟橙汁苏打水差不多，只是没有气泡而已。

精制的过程让谷物、蔬菜和水果失去了重要的纤维、维生素和矿物质成分。摄入精制糖和淀粉后，它们会进入血液，使血糖突然升高。作为回应，身体全面启动调节机制，让胰岛素充斥血液，以此把血糖水平拉回到可接受的水平，这就是为什么你吃完蓝莓松饼后会感到"疲乏"：因为身体无法应对血糖水平的飙升。

只要有可能，就吃新鲜的和未精制的碳水化合物，包括大量的水果和蔬菜，适量加工的谷物以及少量的蜂蜜和其他健康甜味剂。

如果要说具体的摄入量，那我的建议是每天至少要吃5份水果和蔬菜。虽然有人建议每天摄入9份，但大多数人连5份都不到。所以，就从5份开始吧。

与吃水果相比，要更多地吃绿色蔬菜。一个很好的目标是吃3份蔬菜和2份水果。这将为你的身体提供所需的维生素、矿物质和纤维素，为其达到强壮健康的状态提供所需的养料。

所以要多吃健康的水果，如草莓、蓝莓、黑莓和苹果，这些都是有益于身体和大脑的超级食物。此外，多吃绿叶蔬菜和五颜六色的蔬菜，以此获得大量用以强健机体的维生素、营养素、铁和抗氧化剂。菠菜、甘蓝、生菜、芹菜、胡萝卜、青椒、南瓜、西兰花和玉米都是健康蔬菜。

如果你的膳食主要包括瘦肉蛋白质、健康的脂肪，以及来自水果和蔬菜的复合碳水化合物，那么毫无疑问，你的身体中一定是充满了能量，身体的效能也最高。胜利就会向你敞开大门。

秘诀 4：远离含麸质食物，远离脑雾和浮肿的困扰

我不知道你所在的地方是什么情况，但在南加州，开餐馆的都

知道菜单上最好有一些不含麸质的菜品，要不然他的经营状况就得大打折扣了。不含麸质的食物很重要。

我越来越意识到麸质的存在，这是小麦、大麦和黑麦中发现的蛋白质的统称。梅兰妮和我都到自然疗法医生那里做了过敏测试，看我们是否对麸质过敏。结果显示我们并非麸质不耐受体质，但在最近几年，很多时候当我吃了富含碳水化合物和麸质的东西——比如我经常吃意大利面——后，就感觉胀气、身体发沉，内脏像着了火一样。

梅兰妮也有相同的感觉，腹胀、痉挛、腹痛和头脑昏沉。她决定不吃任何含麸质的食物，而且一直坚持了下来——现在她感觉好多了。关于吃不吃含麸质的食物，我还在犹豫。也许我也会那么做，但因为脑雾的问题，我正在密切关注跟麸质有关的事。

我之前提到过脑雾的问题——包括记忆力下降，注意力不集中和思维模糊。谢天谢地，我没有遇到这些问题，但我听自己的客户说——至少那些超过40岁的客户是这么说的，他们面临的头号问题，是他们觉得自己在认知能力方面差了一截。换句话说，他们遭受到了脑雾的困扰。

脑雾是麸质敏感的症状。根据美国国家卫生研究院的研究，在有麸质不耐受的人群中，40%的人受此症状的困扰。如果在吃了一顿面包或面食大餐后，出现腹胀、腹痛、腹泻、便秘或头痛等症状，那么也许就应该去查一下自己是否对麸质不耐受。在对抗脑雾的过程中，你最好的帮手可能就是无麸质饮食。

秘诀 5：让我们来谈谈发胖的问题吧

我想你一定在想，等等，托德。你不是已经在"宏量营养素"那里说了脂肪的问题了吗？

我确实说过了，但我还是需要再来说说，因为它们太重要了。

25 年前，当时的认知是，任何含有脂肪的东西对你都是有害的，这导致了席卷全国的低脂热潮。如果你的年纪足够大，就可能还记得拥有一头铂金色秀发的苏珊·鲍特在电视广告上对着镜头尖叫"疯子们，快停下来！"和"你肥胖的罪魁祸首是脂肪"。

突然，你可以买到和吃到包装上印有神奇的"零脂"或"低脂"字眼的奶酪、饼干、曲奇、酸奶和冰激淋。在非预期后果法则的支配下，对于那些很在意体重的人来说，零脂食物没什么作用，反倒会让他们更胖，因为他们认为这是"低脂"巧克力曲奇，那么吃得比以前多一点儿也无妨。

我们需要正确看待脂肪，因为"脂肪对你有害"这种说法是一个彻头彻尾的谎言。脂肪是我们的朋友——只要我们摄入的是健康的脂肪。哪些是健康的脂肪呢？我在前面提到过，有机牛奶和奶酪、核桃以及橄榄中就含有健康的脂肪。下列食物中也含有健康的脂肪：

● **鸡蛋**。在对鸡蛋的认识问题上，我们算是走了弯路。十几年前，因为胆固醇含量高，人们对鸡蛋颇有非议。吃高胆固醇的食物据说会提高血液中的胆固醇含量。鸡蛋的胆固醇含量高，意味着鸡蛋对心脏有害。因此，医学界说不能吃鸡蛋。

这些营养专家彻底转变了态度，因为近年来健康专家已经意识到鸡蛋的好处。在鸡蛋的问题上，他们的看法和我一样：鸡蛋是一种营养丰富的食物，富含蛋白质、维生素B12、维生素E、核黄素、叶酸、钙、锌、铁和必要的脂肪酸，而热量只有75卡。还有一句话会让你震惊不已：除母乳外，鸡蛋含有最优质的蛋白质。

- 牛油果。牛油果是一种超级食物，富含酶、健康脂肪、维生素E和纤维。我喜欢在我的沙拉和冰沙中加些牛油果，或者就着柠檬和海盐吃一整个牛油果。

- 椰子油。很多人没有认识到，椰子油其实是一种很好的脂肪来源，椰子油中富含抗氧化剂、维生素E和K以及矿物质铁。椰子油还含有中链脂肪酸，容易被人体吸收，有助于减低体重等。椰子油在高温下也能保持稳定，用来炒菜或加热剩菜都很不错。而且，在室温条件下，放置一年也不会变质。

- 黄油。尽管当时自己并不知道，但我小时候在面包上涂抹大量黄油时，实际上做的是正确的事。黄油含有健康的饱和脂肪，尤其是那些草饲牛挤出的奶做的黄油。黄油中含有维生素A、D、E以及其他健康营养成分。虽然黄油是健康的脂肪来源，但你吃起来还是要有节制。我不建议像我小时候那样在面包上涂抹大量的黄油。

- 草饲红牛肉。草饲牛的肉富含铁和锌，脂肪含量较低，一般来说，草饲牛的肉比传统生产的肉更瘦，营养也更丰富。当然，有机草饲牛肉在超市里更贵，但其对健康的益处以及卓越的口感会让你在咬了第一口之后就立即会觉得物有所值。我一直相信，高品质的肉贵些是应该的。请记住，人如其食，所以在摄入蛋白质时，别用便宜的蛋白质来打发自己。

- **野生捕捞的鱼以及像沙丁鱼、鲭鱼这样的油性鱼类。** 野生捕捞的鱼富含欧米伽-3脂肪、蛋白质、钾、维生素和矿物质，应大量食用。而渔场饲养的鱼，如三文鱼和罗非鱼，在味道或营养价值方面是不能与它们的野生同类相提并论的。

要避免食用的食物

你应该远离哪种脂肪？这方面可以列一个很长的单子，下面简单列了一些：

- **用植物油炸过的食物。** 可悲的是，太多人用油炸、高热量、高钠、高糖和高脂肪的食物来使味蕾达到高潮。他们的味蕾被快餐店和食品集团玩弄于股掌之间，这些快餐店和食品集团在鸡肉上裹上一层厚厚的酱汁，用"秘制酱料"给肉类增甜，然后把其他所有东西都扔到油锅里去炸。

- **加工食品。** 早餐麦片、薯片、饼干、蛋糕粉以及其他在橱柜里的零食都是"藤蔓"，它们缺乏营养，含有大量的糖、饱和脂肪和反式脂肪，通常还含有高果糖玉米糖浆。

- **大多数甜点。** 冰激凌、派、冻糕和蛋糕都有问题。我真该给那些裹着巧克力的杏仁说一句话：我吃糖的日子到头了。

这些天，我的甜点通常是12 ~ 16盎司的无糖巧克力杏仁奶，加上一两勺香草或巧克力蛋白粉。或者如果我想犒劳犒劳自己，就会舀三汤匙全脂希腊酸奶，然后加些水果、坚果、一勺杏仁酱和一勺蛋白粉。把它混合起来，就是一份完美和健康的甜点。

最后说一下欲望。当我每天晚上猛吃意大利面和面包时，其实并没意识到自己的消化系统正在将所有这些碳水化合物分解成糖，而糖会进入血液。当血糖水平上升时，胰腺迅速做出反应，产生胰岛素，这种激素会让细胞开始吸收血液，以此将能量储存起来。当我们的细胞吸收更多的血糖后，血液中的血糖水平就会下降。为了补偿血糖水平的下降，身体就渴望更多的碳水化合物。这是身体在试图维护体内的血糖平衡。如果这个时候你正想着控制体重，那可就不好了。这就是为什么要摄入更多的复合碳水化合物，像是全谷物（糙米、燕麦、大麦和藜麦）、扁豆和鹰嘴豆这样的豆类以及大量的水果和蔬菜，如苹果、草莓、梨和梅子，同时辅以西红柿、洋葱、豆子和西葫芦。

哪种蛋白粉

我和我的客户做了高强度训练后，我们就会把蛋白质粉当成是"能量零食"，当然有时候只是单纯地想吃（当你上一餐吃了太多的碳水化合物后就会这样），这时需要用蛋白奶昔来中和一下吃进去的这些碳水化合物。

运动后，我喜欢吃乳清蛋白粉，因为它是一种能被快速吸收的蛋白质。乳清蛋白被认为是一种完全蛋白质，因为它含有我们膳食所需的全部9种氨基酸，而且乳糖含量低。还有其他由鸡蛋、大米、麻类植物和豌豆制成的蛋白粉。素食者可以食用糙米、麻类植物、豌豆和大豆制成的蛋白粉。

当然，水果和蔬菜的天然糖分含量很高，但它们比一把裹着巧克力的杏仁要好得多，因为它们富含营养元素，能让身体长时间保持能量，而不像那些没有营养的东西。这些复合碳水化合物通常有大量的纤维素，可以使粪便膨胀，减少腹胀和便秘，并减少炎症。

我知道你现在的想法：嘿，托德，你提到的那些水果含糖量很高，而我们都知道糖对身体不好，那该怎么办呢？

好吧，在我的健身房里训练的想要改变体脂率的那些客户里，没有一个是因为水果吃多了而长胖的。水果确实有糖，但在你的燕麦片上或在蛋白奶昔中加几个草莓和蓝莓，抑或是吃个苹果或梨算作下午的零食，是不会给任何人造成体重问题的。

如果你摄取的糖分全是从水果里来的，那它们所含的大量维生素、矿物质和抗氧化剂会让你的身体受益匪浅。水果中的糖分是不会让人发胖或让人产生脑雾的。

只要别吃太多水果，同时要确保吃大量的蔬菜。做到这些，你就不可能出错。

你需要多少纤维素？

一个好的经验法则是，每天摄入25～30克纤维素，这大约是大多数人摄入量的五倍，所以你可能需要更积极地在膳食中加入纤维素才行。纤维素的最佳来源是水果、蔬菜、豆类和全谷物。多吃纤维——或者说是"粗粮"的好处，就像奶奶常说的那样——多了去了：

- 减少炎症。
- 改善肠道健康，因为纤维能与毒素结合，然后变成粪便排出体外。
- 降低胆固醇。
- 减缓消耗葡萄糖的速度。
- 降低体重。
- 减少由脂肪产生的自由基对身体的损害。

许多纤维食物包含两种类型的膳食纤维：可溶性和不溶性。我们需要不溶性纤维，因为它能像扫帚一样清理结肠，将细菌扫出肠道。你知道你的肠道里可能有三到四磅的滞留细菌吗？如果那儿被堵住了，可就不好了。可溶性纤维有益于肠道中的好细菌——也就是所谓的益生菌。

秘诀 6：成功的补充剂

关于营养补充剂，我的想法是：它们应该只是健康膳食的补充而已。我使用90/10法则：90%的情况下，你通过膳食来确保营养充足。剩下的那10%的时候，可以吃吃补充剂。

为了确保得到自身所需要的维生素、矿物质和营养元素，我建议你服用补充剂。现在的食物没有以前那么有营养了。自20世纪50年代以来，耕作方式发生了巨大变化。今天，人们会定期给农作物喷杀虫剂，并在牛、鸡和鱼吃的饲料中加入激素，让它们在被宰杀时长得膘肥体壮。这就是为什么我尽可能地吃有机食品，特别是那些草饲牲畜的肉。从长远来看，你会觉得在有机食品方面的投资都是值得的。

话虽如此，我早上晚上都会吃补充剂。不过，我可不是个吃着无数药丸的药罐子。我的许多补充剂是粉末，比如说可以用勺子直接来喝的欧米伽-3鱼油。

市场上有许多很好的维生素、矿物质和复合维生素补充剂。若你膳食得当，遵循锻炼/训练计划，希望达到最佳的健康状态，那么在这些品目繁多的补充剂中，我想着重推荐下面几种：

- 谷氨酰胺。人们发现这是骨骼肌中含量最丰富的氨基酸。谷氨酰胺是一种必需的氨基酸，这意味着身体不会自己制造它。我们必须从食物或补充剂中获得谷氨酰胺。鸡肉、鱼、卷心菜、菠菜和奶制品等食物都含有大量的谷氨酰胺。我使用的是粉末状的谷氨酰胺补充剂。

- **支链氨基酸**。我知道这听起来越来越难懂了，但亮氨酸、异亮氨酸和缬氨酸是三个能够增进机体机能以及身体综合表现的支链氨基酸。它们可以提高你的注意力，以此帮你获得正确的心态，还可以燃烧脂肪，增加肌肉质量，并有助于减少锻炼后的肌肉酸痛。你主要从牛肉、鸡肉、猪肉、鱼和贝类中获取支链氨基酸，所以如果你不吃肉，你就应该试试支链氨基酸补充剂。

- **富含欧米伽-3脂肪酸的鱼油**。我喜欢早上吃大一汤匙挪威天然北极鳕鱼鱼肝油。

- **中链三酸甘油酯油**。一般是从椰子油中提取的，中链三酸甘油酯油也富含欧米伽-3脂肪酸，有利于大脑健康。

- **一款好的复合维生素**。确保你选择的复合维生素能提供维生素D、锌和复合维生素B。信不信由你，这方面最好的产品是产前维生素。

- **益生菌**。这些补充剂含有乳酸菌或双歧杆菌，它们是肠道需要的好细菌。

- **蛋白质粉**。早上锻炼后，就着杏仁奶或水吃两勺蛋白粉，如果你今天练得很猛，那晚上也可以来一勺。

- **β-丙氨酸**。如果你像我一样锻炼前服用补充剂，那这些补充剂很有可能含有β-丙氨酸和咖啡因。有充分的证据表明，咖啡因是一种很好的营养补充剂，可以补充身体能量并提高注意力。另一方面，它是一种氨基酸，可以缓解激烈运动后积聚在身体内的乳酸对身体带来的影响。因此，β-丙氨酸有助于提高耐力、力量、能量，甚至促进恢复。我建议每天摄入3.2克β-丙氨酸。

● **肌酸**。在这里提到肌酸正当时，这个补充剂时下流行于各大健身房，用以提高体能以及增加肌肉质量和力量。5克肌酸相当于5磅红肉，还不含脂肪和热量。

我的学员经常问我，是否该在训练后喝一杯肌酸奶昔。我告诉他们，我不建议18岁以下的运动员服用肌酸，而对于成年人，我只会去推荐肌酸粉，它能更好地被人体吸收。

如果你想增加块头和力量，肌酸是有效的，但它也会让你脱水，所以需要增加补水，同时更多地关注你的日常柔韧性训练。

结束前的一些话

所以，我们现在有了可以拿来思考的"原料"了。现在就看你的了。请考虑一下你要吃什么、怎么吃、什么时候吃，因为良好的营养可以降低患慢性病的风险，对你的情绪和心理健康有积极的影响，也是在你摆正心态的过程中的关键一环。

因为前面说到的那些原因，我们要尽可能地吃天然的食物。身体需要营养物质来提供养料，补充养分，而买含有这些营养物质的食物也花费不小，但与其以后把钱给医生，还不如现在把钱给提供食物的人。

一定要适应这种生活方式：你的食物决定了你的能量和状态。说到底，让我们以食为药，而不是以药为食。是时候以食取胜了！

休息让身心回到好状态

生命是一场马拉松，而不是冲刺。

——菲利普·麦格劳（Phillip C. McGraw），《敢做自己》的作者

也许你不认识菲利普·麦格劳，但你一定听说过他扮演的另一个角色——菲尔博士，一档专门处理心理健康问题的日间节目主持人。

"生命是一场马拉松，而不是冲刺"这句话的流行可能要归功于菲尔博士，但那并不是他的原创。这句话让我想起了十年前我和韦恩·科顿的一次讨论。当时正在聊我自己那疯狂、混乱、全速前进的工作方式以及每天的日程安排，韦恩忽然扬了扬手。

"托德，你认为人生是马拉松还是冲刺？"我想了不到两秒就有了答案。"当然，人生是一场马拉松，"我答道，"谁先到达终点线，谁就赢了。"

谁跑得最远、最快就一定永远是赢家吗？我当时对此没有怀疑，正因如此，我就把生活看成是场终极长跑：如果努力工作，保持领先，就会比别人先到终点线，然后就赢了……当时自己就是这么想的。

韦恩纠正了我的想法。"你绝对错了，"他宣称，"人生不是一场马拉松，而是一系列短距离冲刺，每次冲刺后都是一段恢复期。冲刺—恢复—冲刺—恢复。我相信你们也是这么来训练高水平职业运动员的。你让他们做一次冲刺，然后休息一分钟。训练一两个小时，然后他们就可以去做个按摩。我知道你把恢复时间也算进去了，所以我很担心你。在我看来，你需要在生活中多恢复一下。否则，如果一直以现在这种速度向前冲，不仅会让你筋疲力尽，而且……"

韦恩停了下来。我看得出来，他正在组织语言。

"你最终会像你的父亲一样早死。"他轻声说。

我顿时惊呆了。我父亲58岁的时候，因为严重心脏病发作，失去了生命。他去世时实在是太年轻了，我觉得他被剥夺了继续享受幸福生活的权利。

韦恩的话让我想到要给自己留出更多的休息时间，而不是想方设法往已经安排得满满当当的生活日程表里再塞点儿新任务或锻炼。

多年来，我一直在生活中全速前进，忙着训练运动员，管理一个顶级的健身场馆，为我的网站写博客，创建YouTube视频，前往全国甚至世界各地发表激情四溢的主题演讲。什么？另外花时间去充电恢复状态？为什么？人们不是一直说嘛，如果你喜欢自己从事的工作，那你就不用庸庸碌碌地过每一天了。

在十多年前和韦恩的那次聊天前，我从来没想过要休息。

但从那时起，我彻底地重新认识了恢复对身体、精神、情感和身体能量的重要性。凭借我的运动科学背景，我知道剧烈运动会让身体付出很多，会消耗能量，并会对肌肉、关节和肌腱造成伤害，所以身体必须得有时间来恢复。

在我现在看来，恢复之于运动，就像阴之于阳，是一种必要的休养生息，可以借此来补充肌糖原（用以储存能量），修复受损的组织，补充流失的体液。如果我们不做定期的恢复，那么我们的锻炼、精力和人际关系都会受到影响，因为我们没有照顾好有史以来最神奇的机器——身体。

我认为人们没有足够重视有关恢复的话题。虽然大多数人的直觉告诉他们应该在两组重复训练之间休息。但不在健身房里锻炼时，他们就得投身于激烈的竞争，像轮子上的仓鼠一样无休止地奔忙下去。

没有机会让他们摆正心态。他们的大脑根本就没有以睡眠的形式得到足够的休息。正因如此，所以才需要多睡点儿觉，以及建立放松时间，这样你就可以重新恢复状态，补充元气，并让精神重新变得饱满起来，而这会以难以置信的方式助你重获良好的心态。

抽时间来恢复

在下文中，我将概述我的恢复方法。有些方法听起来很熟悉，属于"最佳行为"，而另一些可能显得有些激进。你用不着接受甚至亲自尝试每一种做法，但我希望你能了解，有什么样的方法可供选择，特别是那些基于我将要分享的前沿概念的方法。

你可能已经意识到了，但我还是要说——我自称生物黑客。如果你没听说这个词，这里有个简单的定义：作为一个生物黑客，我一直在寻找着最新的甚至是前卫的训练、体能增效和恢复的方法。要知道，生物黑客是一个褒义词，与计算机无关。生物黑客追随他们的好奇心，运用科学技术的前沿成果，以此提高身体的各种技能。

我很喜欢研究，而且，是的，也很喜欢实践这些恢复方法。这些方法中，有些成本不高，有些则需花费数千美元。无论如何，我不指望你去当这些创新性恢复方法的小白鼠；我只是让你知道在这方面有哪些疯狂的点子，供君赏析。

为了让气色、感觉和身体效能达到最佳状态，我一直在挑战自己的极限。

重要的事：晚上睡个好觉。

按时作息和保证睡眠质量，这不仅是个好习惯，也是必需的。睡眠就像空气、食物和水那么重要。如果睡得好，醒来的时候会感觉神清气爽，精神焕发，并有充足的体能去锻炼。《睡出活力》一书的作者詹姆斯·玛斯博士这样总结休息的力量："睡眠非常重要，因为它能让身体和大脑处于清醒和高效的状态，保证我们用健康的身心来迎接明天的到来。"

说到运动和睡眠的关系，是晚上睡得好能让你有更多的精力去运动？还是一个完善的运动计划会让你睡得更好呢？

我支持前者，特别是因为我更喜欢在清晨锻炼，而12～14小时之后我才会去睡觉。当我躺在枕头上，好好睡上七八个小时，这就足以让我的身体得以恢复，并让自己神清气爽地醒来，享受我的"静心时分"了，然后在早上5：45在我的家庭健身房里锻炼。

我明白，你可能需要七八个甚至九个小时不受干扰的深度睡眠，睡眠专家通常也会建议你这样做。无论你想睡多久，请允许我就晚上睡个好觉的重要性说几句。

一定要在午夜前睡觉

你是夜猫子吗？

可能你的生理结构就是适于这样的作息规律，但如果你是个夜猫子，请做些牺牲，在午夜前入睡。午夜前睡一个小时比午夜后睡几个小时更有益。我不知道为什么人们总是这么说，但我很高兴自己通常在晚上10点就开始打瞌睡了。如果我必须熬夜，比如在录制《增强训练》节目的过程中，我早上醒来的时候就觉得根本没休息好。

我了解自己：若晚上10点睡觉，在午夜前睡两个小时，第二天的感觉就会很好。

休息能让身体恢复活力，会让你像我一样，渴望以充沛的精力在接下来的一天中尽情表现。睡够了，就不容易生病，不容易在工作中或开车时发生意外，也不容易患上抑郁症。

但问题是，睡眠研究人员告诉我们，我们有一个"睡眠间隙"，也就是说，没有睡够。虽然我们都同意，睡眠对健康的意义不亚于运动和正确的饮食对健康的意义，但太多人并没有睡够。根据最近的一次盖洛普民意调查，美国成年人平均每晚只睡6.8个小时，比1942年下降了1个多小时。

这是一个非常不健康的趋势。如果没有充足的睡眠，那么在开始一天的工作时，就很难把心态调整到正确的状态。睡眠不足会影响你的工作表现和工作效率，让你无法清晰地思考。曾有企业主告诉我，他们那些没有睡够的员工在他们的小隔间里忙得晕头转向，但还是有堆积如山的工作无法完成，或者下午的会议开得拖拖拉拉，讨论不出一个结果。还有一个最大的问题：没睡够的职员会在一天工作结束的时会说自己"太累了"，也就没精力去做运动了。

睡眠仍然会被健身者忽略，但它是身体得以恢复的第一要务。如果你真的想把心态搞好，那么每晚就要至少睡7个小时，或者至少比你以前多睡个30~60分钟。

睡眠是生命的重要组成部分——生命中三分之一的时间都在睡觉。不要以为你在睡觉时什么也没做。在醒来之前，身体有两大任务要完成：

1. **缓解疼痛并修复受损的肌肉**。睡觉的过程中，身体会产生更多的白细胞，它们会杀灭想在血液中滋生的病毒和细菌。当你睡着的时候，免疫系统会对抗有害物质，而大脑则会促使身体释放荷尔蒙，修复血管，促进组织生长。

2. 让心脏休息一下。当你处于睡眠模式时，心脏就会降降档，稍微休息一下。在此过程中，呼吸变慢，血压下降，炎症也会得到缓解。

如果你晚上休息得好，荷尔蒙和压力就会处于适当的水平，让你用积极的身心状态去迎接新的一天。你觉得一觉醒来自己神清气爽是有原因的，这是因为，身体在8小时的休息中得到了恢复。你也用更好的心理状态去迎接新一天的挑战。你就能够摆正心态。

虽然我们都同意睡得好对自己的身体和头脑都有好处，但我在"关键点4"中描述过，我知道有一些习惯会让我们没法睡得够：很晚才吃饭；在下午很晚的时候或深夜喝含咖啡因的咖啡和茶；不"关闭"电子设备；或者窝在乐至宝沙发里熬夜看电视。当你在睡前看电视的时候，总会发现新的心仪节目或多看一段新闻，而只需一眨眼的工夫，就已经过了晚上11点了。

体育和数字视频录像机（DVR）：一个伟大的结合

作为一个体育迷，我很幸运地生活在太平洋时区，因为所有主要的体育赛事都是晚上5点开始，9点结束。然而，若居住在东部时区，要看大学橄榄球赛、周日晚间的橄榄球赛、周一晚间的橄榄球赛、NBA季后赛和（美国职业棒球）世界大赛的话，那就会有问题，因为晚上的比赛通常在午夜才能结束。

我建议你用DVR来把自己最喜欢的运动的比赛实况录下来，以便以后观看。也许你可以在早上早一点起床，看看比赛结果，之后再去上班，又或者，如果是周末，可以先看看录制的比赛内容，然后再打开早报或上网查谁赢了。

让今天的技术为你服务，而不是跟你作对。

睡七到九个小时是一回事，但比睡眠时长更重要的是提高睡眠质量。以下是我最喜欢的提高睡眠质量的一些做法：

● **戴着蓝光眼镜看屏幕。** 笔记本电脑、智能手机和平板电脑会发出蓝光，这会导致眼部疲劳，并干扰睡眠周期。如果你在长时间盯着电脑屏幕后眼睛发痒、干涩或红肿，那么就适合戴蓝光眼镜。

蓝光眼镜在夜间最有用，因为蓝光会扰乱你的自然睡眠模式。如果你必须要在晚饭后查看Instagram账户或查看电子邮件，那就试试蓝光眼镜。研究表明，根据防盲组织的说法，长期持续暴露在蓝光下可能会导致视网膜细胞受损。黄色和橙色色调的镜片可以过滤掉蓝光，降低蓝光的照射强度，有助于更快地达到深度睡眠。

● **用点褪黑素。** "关键点 4"中提到了褪黑素，当我在不同的时区旅行时，我用它来助眠。我有时也会在飞往欧洲的时候加片泰诺安。当我飞过大西洋时，我还要做一件事：因为跨大西洋的航班一般在清晨抵达欧洲大陆，抵达后我做的第一件事是锻炼。出出汗，活动活动因长时间挤在经济舱里而变得僵硬的肌肉，是让我的心态回复到正确状态的良方，尤其是，如果到时候我得在白天一直醒着来"重置"自己的生物钟。

晚上，我会吃褪黑素，这是一种纯天然的补充剂，有1毫克、3毫克、5毫克和10毫克装。医学专家同意，服用褪黑素这种我们身体自然产生的物质一般来说是安全的，且不会造成依赖性。只是有些人说，如果持续使用，效果会打折扣。副作用如果有的话，就是头痛、头晕、恶心和宿醉的感觉。

根据自己体重，你可以试试3毫克装或5毫克装，不过，其实1毫克就足以让你及时入睡了。我想所有人都会同意，"数羊"和等着瞌睡来很没意思。如果有睡眠困难，那就试试褪黑素。

● **有兴趣的话，可以试试恢复型寝具和恢复型睡衣。** 你知道你可以购买"恢复"床单和睡衣吗？我以前不知道这个，不过后来听说我的赞助商安德玛与新英格兰爱国者队四分卫汤姆·布雷迪就有这方面的合作。

布雷迪和我一样是个生物黑客，他听说了一些关于"红外线服装"的事，这种衣物的工作原理是这样的：位于服装图案中的特殊"生物陶瓷"颗粒会吸收身体的热量，然后将热量以远红外线的形式传回身体，这是一种电磁辐射，可以促进皮肤血液循环，调节睡眠，缓解疼痛，减少炎症。几年前，布雷迪和安德玛甚至合作生产了一款"运动恢复睡衣"。

布雷迪是第一个赢得五届超级碗冠军的NFL四分卫，他告诉《波士顿环球报》记者："这么多年来，我一直在讲睡眠的问题，讲它对身体恢复有多重要，这不仅对运动员是这样，对每个人都是如此。"在指出自己每晚的睡眠时间在8～9个小时，布雷迪说："我就得这样。我已经42岁了，还在和这些孩子们一起打球，所以必须尽可能多地休息。"

安德玛的运动恢复睡衣套件包含短/长袖上衣、裤子和短裤，价格也不便宜——一套120美元到150美元之间。衣服内衬着六边形陶瓷矿物印花，可以吸收人体散发的热量，并将其转化为远红外线再反射到皮肤上。

我在2018年年底做完部分膝关节置换手术后，就开始穿安德玛的恢复型睡衣。我也曾在长途飞机飞行时将它穿在运动裤内，以促进血液循环，防止腿部肿胀，防止出现深静脉血栓，作用就像压力袜一样。

那么，托德，这些花哨的"增效睡衣"有用吗？

简单的回答：用了没坏处。我确实觉得自己一觉醒来，双腿清爽，感觉良好。安德玛指出，在一份名叫《光学激光》的医学杂志上，麻省综合医院和哈佛大学皮肤科所联合发表了一项科学研究成果，该研究显示恢复型睡衣增加了血流量，对肌肉有益。其中一个研究人员迈克尔·汉布林说："我很确定它有一些效果。不过，效果没有那么强烈。"这种评判可能比较公正。

同时，有一大批运动员都在使用安德玛的恢复睡衣，包括棒球接球手布莱斯·哈珀、芭蕾舞演员米斯蒂·科普兰和众多大学篮球队队员，以及英超联赛的南安普顿足球队队员。

同时他们也在用安德玛研发的运动恢复寝具，我和梅兰妮睡的特大号床上用的也是同样的寝具，这是在膝盖手术前不久就买了。我是不吝于尝鲜的。虽然在这件事上还没有定论，但当我的身体每天早上在5点准时苏醒时，我喜欢那种舒坦的感觉。

毕竟，说到睡眠，我可是很认真的。

● **用芳香疗法来放松身体。** 法国化学家勒内·莫里斯·加特福塞（René-Maurice Gattefossé）在近一个世纪前创造了芳香疗法这个词，当时他用薰衣草油来治疗自己烧伤的手。薰衣草油是从植物、花朵、灌木、树木和种子中提取的一种精油，可用于治疗。

我喜欢在床头柜上的精油扩散器里放一点薰衣草油，然后伴着它的香气入睡。薰衣草有种奇妙的气味，有助于放松大脑，如果白天的压力很大，我有时就会在枕头上喷点儿。

如果你喜欢在睡前泡个澡，那在水里来上几滴薰衣草油会很不错。但如果你真的想从艰苦的锻炼、陡峭的徒步旅行或一天的舟车劳顿中恢复过来，那么我建议用少量的泻盐泡个热水澡。对于大多数人来说，水非常有益于健康，特别是一盆放了少量泻盐并带有薰衣草香味的热水更是如此。

话虽如此，我对各种新奇的洗澡方式并不是太感兴趣。梅兰妮喜欢泻盐浴，并向我保证，温水浴对舒缓灵魂有奇效，对此我并不感到惊讶。自埃及金字塔时代以来，芳香疗法就一直以某种形式存在着，它以令人难以置信的方式放松心灵，并让人心态平和，然后就能让人睡个好觉了。

● **安装遮光窗帘**。睡觉的时候，卧室应该是黑的。如果月光从窗户照了进来，就可以考虑安装遮光窗帘和百叶窗，减少进入卧室的光线量。它们物有所值。

● **戴上助眠面罩**。如果不方便安装遮光窗帘，那就可以考虑使用助眠面罩。如果你白天也需要睡一个小时，也可以戴一个。

● **买一台助眠音响**。有几十种不同的助眠音响可以产生环境白噪声，淹没背景噪声，让你睡得更香。可以选择基本的白噪声，也可以播放大自然的舒缓之声，如海浪、落雨或夜间蟋蟀的声音。

助眠音响可以让你进入放松状态，诱导你的副交感神经系统——也就是所谓的休息和消化系统——调整心率和血压，增加肠道活动。

● **"打个盹"**。打个盹有时被称为"牧师的秘密"，指的是在工作期间小憩十到二十分钟，能显著提高警觉度和工作表现。一项研究发现，医护人员连轴转了24个小时后，在中午小憩片刻，能改善认知能力和警觉度，使注意力不集中的情况减少30%。获得足够的休息不仅对健康有益，对职业生涯也有帮助。医学杂志《行为大脑研究》刊登了一项研究发现，小憩比咖啡因更能提高语言记忆、运动技能和感知学习的能力。

过去只有小孩和老人才睡午觉，但像谷歌、三星、《赫芬顿邮报》和美捷步这样的大公司已经开始意识到在午后小憩的重要性。

这些公司给员工提供了小憩之所，也可以说是"安全区"。在这里，员工可以睡个觉，然后精力充沛地回到工作岗位上，以更加机敏和高效的状态来工作。有些公司推出了智能午睡椅，这是一种看起来很有未来感的椅子，带有蛋壳罩，可以创造一个零重力的睡眠姿势。我自己没试过，但用过的人对它的评价都还不错。

关注睡眠以外的问题，才能恢复得更好

睡眠是最重要的恢复方式。没有休息够，你就无法达到最佳效能。但除了睡眠，还有其他的许多方式和技术可以让身体、思想和灵魂重新充满活力。我最喜欢使用以下几种方法来更好地恢复，以此增进整体健康，活力和身体效能。

● 做个舒缓的按摩或去做强度更大的身体护理。毫无疑问，做个舒缓的按摩会让你感觉棒棒的，有助于肌肉更快地恢复，减少全身的疼痛。多年来，我已经接受了数百次让自己神清气爽的按摩，也给别人做了上千次按摩，所以我对按摩疗法的疗效还是比较了解的。

我在威廉玛丽学院攻读运动学本科课程时第一次了解到了人体的生理构造。毕业后，在欧洲职业橄榄球的小联盟中当传球手，追寻我到NFL打球的梦想。在第一个休赛期，我从当时亚特兰大的新生命学院获得了按摩师资格证。当时的计划是一边通过舒缓别人的肌肉疼痛来赚取丰厚的时薪，一边为即将到来的橄榄球赛季继续训练。在新生命学院的时候，我还学习了罗尔夫按摩治疗法、费登

奎斯疗法、肌筋膜放松疗法和综合身体护理技术。

几年后，在法国打球时，我的背部受到了严重的损伤。一瘸一拐地回到新泽西州后，我住在大姐帕蒂家，她在湾头开了一家日间水疗中心。在接受背部治疗后，我就待在水疗中心，因为反正也没什么事可做。一天下午，一个叫珍娜·金的女人来到我的面前，给我讲她听说我是个赫赫有名的运动员，对按摩疗法有所了解。

"你可以做身体护理吗？"她问我。

我当时25岁，是一个窘迫失业的四分卫，在按摩治疗方面的经验有限。但如果在我想好了该做什么之前，有人想付给我钱，让我用新学的技能来工作，那肯定行啊。

"当然，我可以做。"我听到自己这么说。

就这样，我被介绍给了珍娜的丈夫迈克尔·金。他是"周末战士"，王者制片公司的CEO，腰不好，我在"关键点1"中提到过他。由于迈克尔在东西海岸都有家，所以他劝我搬到洛杉矶，这样我就可以继续做他的私教，方便为他那个残破的身体做护理和按摩。

按摩治疗和身体护理有什么区别？一般来说，人们做按摩是为了达到治疗效果，提高肌肉组织的温度，释放紧张情绪。大多数人都听说过瑞典式按摩，这是一种使身体放松的技术，用长长的滑行手法摩擦肌肉，帮助血液回流心脏。瑞典式按摩的手法相当温和，是美国最常见的按摩方式。

我不是那种喜欢伴着香薰蜡烛感受轻柔的瑞典式按摩的人。不是说那种按摩不好，但我更喜欢深部组织按摩，可以直达肌肉的按摩。

我把这种类型的按摩称为"身体护理"，因为它的强度更大。身体护理能打破肌肉结和粘连的组织，也就是所谓的粘连，同时解决肌肉疼痛、背部僵硬、姿势不良、缺乏柔韧性和灵活性这些具体问题。

我这样描述两者的区别。假设有一天你把自己用过的车开到修车厂去，如果是想把车打磨得光鲜亮丽，那就做瑞典式按摩。但如果要做的是更实质性的东西，比如制造一个车身面板，填补门上的凹痕，让你的车再次恢复到最完美的状态，那就需要做身体护理了。

我喜欢每隔一段时间就接受一次瑞典式的治疗性按摩，舒缓的按摩对任何恢复计划都有助益。但如果做次身体护理，用更有力的方式来处理疲劳受损的肌肉和受损的软组织，一定会让你觉得物超所值的。

所以，下次你预订按摩时，问清楚要做什么类型的按摩。或者直接问："你做身体护理吗？"

因为深部组织按摩才是你真正应该做的。

● **试试用按摩枪做的敲击疗法。**如果你是一流健身场馆的成员，就可能已经注意到私教在客户的臀部、腿部、肩部和背部肌肉上使用一种轻巧的、电池驱动的肌肉治疗设备，即所谓的"按摩枪"。它每秒产生40次振动，看起来像一个迷你的千斤顶，有一个像海绵包着的锤头或橡胶槌，通过"敲击疗法"把你的肌肉变成一团胶状物。

我在做《增强训练》真人秀的时候，买了第一把按摩枪，在我通关的过程中，它真的帮了我的大忙。你把按摩头放在酸痛的肌肉或激痛点上，按下开始键，就能在短时间内把那些地方好好按摩一番。

一把按摩枪或类似的敲击设备一般要300美元到600美元。你可以给自己买一把，不过，手臂、腿部和臀部的一些位置，你可能够不到。比如说，如果背部有扭伤，你就得请配偶、伴侣或朋友来帮你敲敲，因为自己没法触及上、下背部和肩部肌肉。

我每周大部分时间都会在锻炼前或睡前用按摩枪。我用了后感觉很棒，敲击疗法现在已经是我的整体自我护理的一部分了，对此我很感激。

- **腿累了？那就试试压缩靴吧。**它们看起来就像冰球守门员守门时穿的垫子，但压缩靴能让身体在剧烈运动后把四肢中多余的体液排走，以此帮助双腿恢复。它们是便携式的，可以在家里使用。你要做的就是，当坐在椅子或躺椅上或躺在床上时，将它们套在腿上，然后放松就行了。

当它充满压缩空气后，就会改变自身的形状来贴合使用者的腿型，然后系统便开始施加压力，接着是脉冲、保压和释压。腿部的每个位置都会受到需要的压力，以此迫使体液向身体核心部位流动。

（虽然现在市面上有几种不同的压缩靴，但评价最高的就是由NormaTec[①]的这款，利用脉冲动作——而不是更传统的挤压——来帮助你恢复。）

我在录制《增强训练》节目的时候开始使用压缩靴，后来觉得

---

① NormaTec，一家气压脉冲按摩设备创新公司。——译者注

这个产品对我颇有帮助，就自己掏钱买了一副（成本大约是1500美元）。现在，连我的孩子们都在用它。

你还可以购买针对臀部和上半身的恢复设备。我的一些四分卫和投手把NormaTec袖子用在了他们那价值百万美元的手臂上。我喜欢这种脉冲技术和它所起到的恢复作用，我的运动员也喜欢。

● 如果你想走得更远些，那么可以试试浮力疗法。想想这种场景：

周围一片漆黑，什么也看不到听不到，因为我正身处有一张双人床那么大的遮光隔音水箱中，面朝上漂浮在1英尺深的水里，里面混杂着1000磅的泻盐。空气和水的温度与皮肤的温度一样——93～95华氏度之间——所以很难分辨身体与周围环境。

我像个软木塞一样漂浮着，因为在温度适中的水里含有大量泻盐，水的浮力是海水的十倍。我能够毫不费力地漂浮着，脸部舒适地浮在水面上，这种效果类似于宇航员在太空中的失重感。体验失重感不仅有益于身体，而且这平静的体验会让心灵达到近乎冥想的空灵状态。

没过多久，3分钟？10分钟？我的精神就放松了下来，思想中没有半分杂念，所有的肌肉已经完全松弛了。我漂浮在一个感觉像零重力的环境中，这是一种奇怪的感觉，但感觉太好了。我的脊柱自然而然地变强变长，我的脑电波也进入了一种类似于深度睡眠的状态。我在一个没有任何感觉的地方漫无目的地飘荡着，心态也愈发正确起来。

我所描述的是Livkraft Performance Wellness所提供的"浮力疗法"的具体内容，这家店位于圣地亚哥市中心北部的沿海小镇拉荷亚。我的一个朋友皮特·托比森是这家浮力疗法店的店主，客户可预订60~90分钟的疗程。我希望自己可以去得更频繁一些。

在我第一次长达1个小时的疗程开始前，有人告诉我，封闭的环境可能会让我患上幽闭恐惧症，但我没问题。我在里面非常舒服，180加仑的温水和近半吨的益普生盐，可以去除肌肉中的毒素和乳酸。使用漂浮水箱可以大大缩短恢复时间，让你重新投身到最喜欢的运动或活动中去。失重的环境让肌肉和关节放松，从而增加血液流动和循环。

我发现浮力疗法非常有效，并能提供超级愉悦的体验。漂浮水箱一般位于东西海岸，所以如果住在中西部，可能在家附近很难找到提供浮力疗法的场馆。但如果你碰巧在东岸或西岸的大城市度假，那就来做1个小时的浮力疗程吧。

你会跟我一样惊讶的。

● **要想在恢复方面更进一步，就要考虑高压氧疗法。**我训练了许多精英运动员，他们使用高压氧疗法来克服伤病的困扰，或者让自己更快地从橄榄球场上遭受的重大创伤中恢复过来。有了高压氧疗法，NFL的跑卫可能会在4天内恢复，而不是8天，或者大腿瘀伤的内线球员可以在1周内而不是3周内恢复。由于显著缩短了恢复时间，高压氧治疗在试图重返赛场的受伤职业运动员中很受欢迎。

在治疗开始时，运动员滑入一个便携式高压氧舱，这个舱室逐渐被纯氧加压，直到舱内压力达到正常大气压的两倍。这样可以使整个身体组织更大程度地吸收氧气。在此过程中，血浆和血红蛋白的含氧量会增加10倍之多。运动员在治疗过程中要注意放松和正常呼吸，可能会出现耳鸣或轻微不适，但如果压力降低一些，这种情况通常会消失。

医院里的高压氧舱价格远远超过10万美元，而家庭使用的便携式版本则便宜得多，不到5000美元。在医院环境中，高压氧舱一般用于患有心力衰竭或伤口愈合缓慢的病人。将心血管病人置于高压氧舱中可加速其康复。病人只需一半的时间就能恢复到正常心电水平。

至于便携式高压氧舱，它们的运行压力比医院的高压氧舱低，这使其在提高安全性的同时，也能达到许多相同的医疗效果。

高压氧疗的另一个疗法是，把高压帐篷连接到氧气发生器[①]的排气端，可以把它支在家里并在里面放张床。这也就是所谓的高海拔帐篷，在高压帐篷里睡一晚上，可以模拟高海拔训练了。

我的一些运动员在家里就支起了高压帐篷，用它来模拟高海拔地区的训练。只要听听他们对这个疗法热情洋溢的赞扬，就会觉得这个恢复方法绝对值得一试。

高压氧疗法能够增加血液中的氧含量，这也是吸引顶尖运动员不辞辛苦、不惜代价地去使用这种方法来克服伤病或排出导致肌肉

---

① 氧气发生器，一种可以从空气中提取氧气的设备。——译者注

疲劳的乳酸的原因。我尝试过高压氧疗法，因为我得知道自己是否可以把这种治疗手段推荐给专业运动员和大学生运动员。在体验了高压氧治疗并见证了它如何帮助我的运动员后，我为这种治疗方案点赞。

● **不要冷落了冷冻疗法**。2019年在巴黎举行的法网公开赛上，在罗兰·加洛斯球场的红土地上进行了4个小时的艰苦比赛，下场的球员们可以尝试一种新的恢复疗法。这就是冷冻疗法，这种疗法需要你在冰冷的环境中待一会儿。——真的很冷，比如零下220华氏度。

运动员说它真的有效，这就是为什么冷冻疗法被称为最火热的——可能用这个词不太合适——帮助身体恢复的方法，它还能减少受伤的风险，促进睡眠，并提高能量水平。

队员们脱掉衣服，只穿内裤，戴上口罩遮住嘴巴，戴上羊毛滑雪帽遮住头部和耳朵，戴上大号的手套，穿上袜子和拖鞋，然后要依次走进两个舱室，每个都有浴室大小。

首先，站在第一个舱室，温度设置在零下76华氏度。持续时间只有20秒，但这只是"冷"身而已。接下来就进入第二个舱室，这里的温度已经调低到令人难以置信的零下166华氏度甚至零下220华氏度。

如果运动员能忍受极度寒冷的话，那么可以在第二个舱室内最多停留3分钟。有些人惊慌失措，直接就把胶带给扯了，因为他们想出去。但那些在那里待够了时间的人，就能感受到肌肉不再那么酸痛，并能睡个好觉了。像拉斐尔·纳达尔、罗杰·费德勒、斯坦·沃林卡和亚历山大·兹韦列夫这样的顶级球员都瞬间就成了冷冻疗法的粉丝。

我是从在自己手下训练的一些NFL运动员那里听说了冷冻疗法，于是我决定试试。这些运动员不是进入冷冻治疗室，而是站在一个圆形的舱室内，他们的头是露在舱室外面的，只是从肩膀以下的位置处于冰冷刺骨的舱室内。虽然不是将全身都沉浸在极寒中，但效果几乎是一样的：肌肉组织得以愈合，伤后恢复加速。

到目前为止，我现在已经站在冷冻舱里几十次了，这调整了身体的核心温度，也让我体验到了深层细胞愈合的感觉。每个疗程一般持续3分钟，当疗程结束时，我是真的好冷。但我知道自己刚刚在恢复身体的道路上开了个好头。

我很喜欢冷冻疗法，所以每隔几个月就会有一家移动冷冻疗法公司到访Fitness Quest 10。你该看看当他们的车停下来后，门外排了多长的队。多少钱？3分钟的疗程50美元。

冷冻疗法的一个更便宜的版本是冰浴，它已经存在了很长时间。从小以来，每次打完橄榄球比赛，我就在更衣室来场冰浴，直到现在我都还是个冰浴的忠实粉丝。现如今，我住在世界上最大的冰浴场旁边——太平洋。从10月到次年5月，海洋温度一直在50华氏度左右徘徊，我知道，在世界上许多寒冷的地方，这种温度算是暖和的。不过，扎个持续3分钟"北极熊"式的猛子，还是会让人为之一振的。

- 与上述"冰冷"的疗法完全相反的是红外线桑拿。你可能在传统的桑拿房里待过，烤得像只龙虾，周围空气比华氏150度还要高。

我更喜欢红外线桑拿。它的面板利用电磁辐射产生热辐射，温度能达到120华氏度和160华氏度之间。传统的"干式"桑拿浴的热量只能流于表面，而红外线则能渗透到身体深处，最多可以达到皮下1英寸或更多，这可以加速恢复疲劳和酸痛的肌肉与关节。人体核心的温度会升高，而不是像传统桑拿那样，只提高皮肤表面的温度。使用红外线桑拿，身体出的汗也会多很多，由此可以释放更多的毒素，增加血液流动，促进心血管的血液循环。

当我在2006年扩建Fitness Quest 10时，决意在场馆中增加一个红外线桑拿房。我们的客户非常喜欢，所以后来又增加了一个。

对恢复的方法做一个排名

我对所有这些恢复方法是怎么来排名的？让我从1～10分这样来排，10分为最佳：

- 我会给按摩和身体护理打10分。让一个熟练的专家用手来梳理肌肉和筋膜，没有什么比这更有利于你的精神、身体和恢复了。
- 我会给敲击式按摩器9分，它是一种节约成本的恢复工具。所有的教练和训练师都应该为客户准备一把按摩枪。

- 红外线桑拿绝对值8分，腿部和手臂压缩套也一样。

- 我会给高压氧舱和冷冻疗法打个7分或8分。它们当然有效，但花费不小。冰浴能够达到同样的效果，但价格只有它们的一小部分。

- 浮力疗法能够让人超级放松，也是度过1个小时的美妙方式，但它就像瑞典式按摩一样——当时感觉很好，但不持久。我给它打6分或7分。

干细胞疗法：康复行业的未来？

我还是要忍不住提起最后一种恢复方法。你会听到越来越多的关于它的最新进展情况。我指的是干细胞疗法，或者说得准确些，是游离细胞疗法，这是一种非常神奇的方法，我最近试了试。

这种类型的疗法是用你自己的干细胞分泌物——从体内脂肪中提取的胞外囊泡来修复和再生受损组织。它们有时被叫作"主细胞"或身体的"原材料"，干细胞是身体用来造血、生长骨骼、发育大脑和身体器官的东西。

以前人们认为，干细胞的功能无所不包，但作为生物黑客，我发现这种想法已经过时了。其实胞外囊泡（它们小的可以通过血脑屏障，以此帮助缓解神经退行性病症）才是修复和再生的媒介。只需简单地给身体注射足够多的来自自身的胞外囊泡，就会给身体带来惊人的改变。

　　我在一个特别的欧洲医疗咨询小组中亲身试了试游离细胞疗法。我接受了大约100亿个自己的胞外囊泡注射，比起在典型的干细胞移植中只能输入几十万个，很明显这种方法有效得多。游离细胞疗法也比干细胞移植更安全：你只接受自己的胞外囊泡，所以不会出现不良反应。这种方法也完全不会涉及胚胎干细胞移植中出现的伦理问题。此外，实践证明，通过静脉输注的方式将其输入血液中是更有效的，而且往往还会带来其他好处。

　　干细胞疗法背后的科学非常复杂，属于"前沿科学"的范畴，但对于那些因运动损伤或其他疾病而遭受肌肉/骨骼损伤（新的或旧的）问题折磨的人来说，这种疗法确实具有令人兴奋的潜力。

　　食品和药物管理局非常谨慎地对待各种干细胞疗法，所以只批准了很少数量的此类疗法，这些疗法主要用来做治疗癌症的骨髓移植或用做治疗某些血液功能紊乱的脐带血移植。目前，还没有批准将干细胞疗法用于治疗其他疾病。

　　现在，你可能在想，干细胞疗法不是被禁止了吗，就像那些兴奋剂一样？

　　答案是否定的。事实上，许多管理职业运动的体育组织已经批准在恢复伤病中使用干细胞和游离细胞疗法。这种使用浓缩胞外囊泡的"再生药物"可以大大加强恢复效果，并加快恢复过程，但正如我刚才提到的，这些治疗方法还没被食品和药物管理局正式批准。

　　这意味着，寻求游离细胞疗法的人必须自己前往欧洲（或百慕大）接受"实验性治疗"。尽管如此，在过去的十年里，许多NFL

和NHL球员都飞往欧洲接受游离细胞疗法，包括四分卫佩顿·曼宁。他在接受游离细胞疗法治疗后重返赛场，并在2016年再次赢得超级碗。一般来说，NFL和NHL的球队不会出这个钱，所以球员们要自行承担昂贵的手术费用。如果游离细胞疗法能加速身体康复，降低未来受伤的风险，并延长你的球员生涯，那么我觉得这就是一笔合理的投资。

在2018年年底接受了部分膝关节置换手术后，我研究了非细胞疗法，以此帮助右膝恢复。但其实我这样做，还跟我的"脑子"有关。脑震荡，这是我在高中、大学和职业联赛中打球时出现的问题。我可以数出至少有6次自己的脑子里"钟声大作"，以前打橄榄球的人就是这么说的。

因为我觉得自身的胞外囊泡既可以帮助膝盖恢复，也有益于大脑健康，于是我决定在2019年春天去试试。我在美国用类似于抽脂术的方法抽取了点儿脂肪。然后，这些脂肪细胞被医疗快递送到欧洲的实验室，并在那里用于提取胞外囊泡。4周后，就可以通过简单的静脉注射让自己那100亿个胞外囊泡重新回到身体中了。我迅速前往欧洲，整个流程没有任何侵入性。

我了解到的研究表明，胞外囊泡会抵达身体各处，而不仅仅是最需要它的那些地方。我的大脑和右膝当然很重要，但促使我出钱跑这么一趟的原因其实是自己对自身心态的关注。只要能让我的心态好起来，什么都可以，对吧？

近年来，我一直在关注涉及慢性创伤性脑部病变的报道，很多打橄榄球的人也跟我一样。如果你看过威尔·史密斯主演的电影《震荡效应》，那么就会知道这是种什么病。它是一种渐进性的大脑退行性疾病，那些有重复性脑部创伤的人——比如打橄榄球的人会患上这种疾病。

胞外囊泡具有修复受损脑细胞的能力（因此在治疗多发性硬化症和帕金森症等神经退行性疾病方面取得了成功）。像我这样的生物黑客，会不惜一切代价，为自己赢得更多的时间和更好的生活。

我经历过6次脑震荡——几乎身体的每一个关节、韧带和肌肉都扭伤和拉伤过。所以在将近50岁的时候，我会竭尽所能确保自己拥有最好的感觉，达到最佳状态，并始终保持清晰的思维和高度的专注力。如果游离细胞疗法能提高大脑的效能，那么我就会去做。我要思虑清晰，志存高远。

所以这就是我对非细胞疗法的各种尝试，政府批准的那些实验室已经用了25年来研究这些疗法了。如果这种治疗能帮我的大脑抵御患上老年痴呆的潜在风险，并让我的右膝完全康复，那么这一切都是值得的。

在这个重要的"关键点"即将结束时，让我问来你这样一个问题：你的健康值多少钱？你愿意通过什么途径来强化你的身体和心灵？

我无法替你回答这个问题，但我敦促你认真考虑一下这个有关康复的话题。

它可能就会让你拥有良好的心态，也一定会让你拥有健康的身体！

第四节
坚持到底
Quarter 4

如果你要成为体育界、商界或生活中的冠军，你就得坚持到底。我经常说，优秀的球员可以让比赛快起来，而伟大的球员可以让比赛慢下来。在第四节或比赛结束时，世界上最优秀的球员都知道要怎么做才能坚持到底。

无论你是"加速"还是"减速"，你都应该斗志昂扬地坚持到底。

活出值得讲述的人生

生活的目的是过一种有目标的生活。

——罗伯特·伯恩，作家

德文·卡西迪和我在NBC真人秀《增强训练》的第三周被淘汰时，拍摄工作直到凌晨两点才结束。

我直奔训练室，那里就像一个陆军野战部队营房。我当时是靠自己走过去的，这真是个奇迹，因为我的身体已经伤痕累累了。我的手臂上布满伤痕，腿上也有抓伤。我的身体的每个地方——后背、肩膀、膝盖和每一块肌肉——都在疼。

因为输了，所以我很生气。我不喜欢输，尤其是在全国观众的注视下。我觉得没能把自己真正的风姿展现出来，这让我很不高兴，很沮丧，也很失望。

我看了看自己的身上，最疼的地方是右肩，感觉像着了火一样。我清楚地知道是什么时候受的伤：在穿越淘汰塔的第一个障碍时。起跑后，我和德文要跳起来抓住一个看起来像是抱摔假人的树杈形袋子，但我们需要足够的冲力，才能跨越9米的鸿沟，抵达另一边，继续下一个障碍。

德文，一名24岁的波士顿职业女性，生活得既不快乐也不健康。而且，在选我当她的训练师时，比赛的前景也不是很乐观。这是她对着跟拍我们的摄像机说的。在3个星期里，我竭尽全力让她达到更好的状态，但那晚在淘汰塔里，当我们试图渡到另一边时，她无法抓牢那个硕大的袋子。

她大概摔了十几次，每摔一次，我们就得重新开始。随着成功的希望越来越渺茫，我们失去了耐心。

"我好累。"她用一败涂地的口气轻声说。

"我知道。我们还是先把这关过了。来吧，你没问题的。"我鼓励道。

"不，我觉得自己不行了。"德文耷拉着脑袋。

"不，你能行的。跟自己说话的时候要带正能量。我们能做到的。再试一次。就这次，我们肯定行。"

德文一定是听进去了，因为她的脸上略过了一抹决绝之色。她决定再试一次。

我知道要想避免被淘汰，就看这一回了。这时我对自己说，"去他的"，然后把她紧紧地按在袋子上，这时，我感觉肩膀上有什么东西撕开了。疼死我了！

不知不觉，我们过了护城河，比灰队的训练师韦斯·奥克森和他的学员简思明·拉伍蕾丝慢了1分钟。我们一直没追上，但我们争取到了小小的胜利。灰队赢了后，我们还在努力地往淘汰塔上爬。德文正艰难地试图穿过旋转螺旋梯，它就像一组长长的单杠。

尽管我们已经输了，但她还是想完成这个障碍。

不过，中途的时候，她被困住了。"我不行了！"她喊道。

"不，你行的！"我站在另一边反驳道，"我相信你！"

德文挣扎着抓着栏杆，有一点值得表扬，那就是她没有放弃。她从一个栏杆荡到下一个栏杆，成功地靠近了我，这样我就可以把她拉进来。她的努力让人敬畏，结束后，我把她拉过来，抱住她。她倒在我的怀里，眼泪像决堤的洪水一样涌了出来：她做了一件自己认为不可能的事。

"谢谢，"她抽泣着说，"能够和你一起做这件事，我真是太幸运了。"

我觉得，就在这一刻，德文的生活发生了天翻地覆的变化。"你今天害怕得要命，你在心理上自责，但看看你做到了什么，"我说，"你向自己证明了可以做到这件事。不要让任何人告诉你，你不能做什么。因为你就是力量之源！"

"这次经历太神奇了，"德文说，她的声音还有些嘶哑，"你改变了我的生活。"

"不，德文，改变你生活的人是你自己。"我把她拉过来，再给了她一个拥抱表示肯定。"我真的为你感到骄傲。"

此时，我们听到主持人加比·里斯告诉我们："不幸的是，德文和托德，你们的比赛结束了。"

事后在训练室里，一位医生检查了一下我那已经出现紫色斑点的肩膀，那里摸起来很痛，看起来就像个淤青的桃子。"看样子你好像哪里撕裂了。你回家后得去检查一下。"

我阴沉着脸，抬头看了一眼《增强训练》的执行制片人戴夫·布鲁姆。在了解了有关训练师的最新动态后，他走近我的检查台。"勇气可嘉，"他说，"你真厉害。美国人会看到你打了场漂亮仗，他们会知道你真正的执教水平的。"

我喃喃地说着些感谢的话。

"嘿，准备好，"他继续说道，"也许有机会重返比赛的。说不定会有转折。"

有转折？"什么意思？"

"现在有些事情还不能说，但只要做好准备就可以了。"

"嗯，我要回家看看家人，看看我的生意。另外，我的肩膀受伤了，你也看得出来。"

那就没有什么好说的了。输掉的女学员们必须留在《增强训练》片场继续锻炼，重塑形体，但教练们可以自由回家。半夜开车回家对我来说可不是什么好主意，所以我回到房间里，闭目养神了几个小时。

改变一切

第二天早上，周三，我在405号公路上向南行驶，前往圣地亚哥，一路上都在因为很早就离开《增强训练》节目而显得有些烦恼。在堵车的时候，我给沃伦·罗克打了个电话，他是我的大学好友，在我心情不好的时候，他总能逗我笑。我告诉他，我被淘汰了。

沃伦开导我道："嘿，说不定你出镜的时间够长，能帮着宣传宣传你的品牌呢。"他这样说道，我对此表示怀疑。

然后他又说了些别的话。"别担心，他们可能会再叫你回去的，而且我知道你，你肯定会回去然后通杀全场的。"

这话让我笑了！

我没给梅兰妮打电话。我决定等她下午下班回家，在孩子们放学前给她一个惊喜。一想到5个星期没见到家人，我在路边几乎哭成了泪人。

我平安到家了。正下午的时候，我听到车库门开启的声音。我脱下衬衣，站在门中间。梅兰妮发现我的时候，她惊得差点儿把车撞到屋里来。她急急忙忙地把车停好，手忙脚乱地从车里出来，给了我一个最温暖的拥抱和亲吻。

然后她退后一步，把我从头到脚打量了一遍。

"你到底怎么了？身上怎么全是口子和淤青？他们对你做什么了？还有，你怎么回来了？"

"我们昨晚输了。我被淘汰了。身上的口子？我只能说，那里的环境有点儿糙。"现场的情况远比我说的要恶劣得多。

"哦，亲爱的，你得去看医生。"

我照做了。我有一个骨科医生朋友达米翁·瓦莱塔医生，他约我第二天去看看，顺便做个核磁共振检查。他告诉我，我把右肩盂唇撕开了，这是确保肩关节球在正确位置的软骨。他说我的盂唇撕裂了50%，可以在两到三个月内做台手术，或者也可以等几个月，看看肩膀的恢复情况，然后再决定是否做手术。

我告诉他我想等等。

两天后，我站在儿子卢克的波普华纳橄榄球队比赛的赛场边线上，两支球队正在热身。我很高兴能回到教练岗位，恢复正常的生活。

手机忽然响了，我看了看号码。戴夫·布鲁姆，《增强训练》的执行制片人。

为什么他在我被节目淘汰几天后的周六早上打电话？得满足一下自己的好奇心才行。

"托德，西尔维斯特现在也在线上。"

"洛奇"用他那粗犷的声线向我打了个招呼。"嘿，托德，最近还好吧？"

《增强训练》既是西尔维斯特·史泰龙的节目，也是戴夫·布鲁姆的节目。我有幸在片场见到了史泰龙，并向他展示了我作为粉丝的热情。而且我还记得在我们在输掉淘汰塔——那上面全是他的手掌印——的比赛后又见到了他。

"不是很好，"我考虑了一下说道，"刚看了医生。我把肩膀的盂唇撕开了，右膝也出了点儿问题，背也撞坏了。"

"抱歉。"史泰龙说。

"是啊，你算是全身心投入进去了，"布鲁姆补充道，"但是听着。我们需要你回到节目里来。有一个重新回到比赛里的机会。"

"重新回来？"我反驳道，"我觉得你可能不太明白——"

"听着，回来吧。我们会让你重新上电视。如果你不能参赛，那就至少上一集吧，但我们确实需要你回来。"

我一直是个有团队精神的人。"好吧，"我听到自己说，"你什么时候需要我回来？"

"星期一。"

梅兰妮认为，我如果决定回到位于马里布的《增强训练》录制现场，那要么我是疯了，要么我就是个受虐狂。

周一早上，在准备前往位于马里布的节目录制现场前，我和家人早早地吃了早餐。我问他们每个人："谁认为爸爸还有机会重新去比赛？"

梅兰妮笑了。"完全没可能。"

卢克也笑了起来。"祝你好运，老爸，不过我们周三得见见。我们需要你来指导波普华纳。"

麦肯纳也一样坚决。"老爸，没门儿，"她说。

但我的第二个孩子布雷迪说了这样一句话。"爸爸，你能行的，他们不了解你内心的力量，我相信你。我觉得你这次过去会让全世界大吃一惊的。"

现在轮到我笑了。我需要的就是这个——三个孩子里有一个相信我，这就够了。

"谢谢，布雷迪。几周后见。"

我出了门，前往马里布，朝着那片未知进发。

到了那里，我发现自己要与四位被淘汰的训练师中的三位竞争。其中一位训练师亚当·冯·罗斯费尔德腿部受伤，因身体条件无法参加"复活赛"。我们中只有一个人可以复活，之后会与五位被淘汰的女性中的一位来配对。所有人都要回到淘汰塔独自完成复活挑战。

我还是不确定自己是否要参加复活赛，而且就算参加了，也不知道怎么来完成那些挑战。当听到获胜的方式是独自完成淘汰塔挑战时，惧意和笑意同时浮现在了我的脸上。比赛刚开始的时候，把这个塔叫作"机会塔"的人可是我。现在有一个绝佳的机会摆在面前。而且，我也不打算让布雷迪失望。只是我还不知道怎么来赢得胜利。

我记得那天我在赛场上走来走去，无意中听到了五个还未被《增强训练》淘汰的训练师的谈话。我一直听到他们提起德鲁和莱昂这些人的名字，他们认为这些人有可能复活，但从来没人提到我。

我觉得他们这是冲着我来的。听到他们这样说，我很生气，醋意大发。我和比赛中的五个教练已经成了朋友，但他们没一个相信我可以打败其他三人。他们和其他人都没有见识过我的真本事。

那天下午，我的心态从"身体一团糟，不可能再比赛了"变成了"今晚要想办法赢，让世界大吃一惊"。

我的心态是百分之百的正确。

晚饭前，我到圣莫尼卡山中的丘陵乡村庄园散步。我抬头看到山坡上有两块巨石。我坐在附近的长椅上，开始祷告。在那里坐了大约20分钟后，发生了一件前所未有的事。

当我盯着那两块巨石的时候，我看到了父亲和我的好兄弟锯人肯·索耶的脸，他们正盯着我，就像他们就真的出现在我眼前那样真实。他们咧开嘴笑着齐声说："今晚肯定行。今晚肯定行。"

然后我父亲用充满慈爱和怜悯的表情看着我说："我为你感到骄傲，但好戏还在后头，"他说，"你要向全世界展示你的实力。我知道你内心的力量，因为我一直都在守护着你。我今晚会帮助你。"

听到父亲的话，我哽咽了。将与我竞争的三位训练师还不知道他们即将面对什么。现在，我不仅拥有了更坚强的内心，而且受伤的肩膀也奇迹般地感觉好多了。看来有大事要发生了。

那天晚上，在淘汰塔周围，几十名技术人员来来回回地忙个不停，摄像师们也在各处就位，我很庆幸只有我一个人进塔。因为不管结果是输是赢，我都只想自己去承担。

第一个比赛的是莱永·阿祖布伊克。他29岁，6尺4寸[①]，体重250磅，一身轮廓分明的肌肉。莱永体型巨大，由内而外都散发着运动员的气息，充满力量与能量。他是詹妮弗·安妮斯顿的拳击教练——也是在参加《增强训练》节目的教练中最年轻的一位。毫无疑问他是最壮的那个。

他在塔中移动的速度很快，但在试图越过某些障碍物时使用了不当的方法，比如，当他站在一个带重量的平台上并试图将其从一楼推到二楼时，他用的是自己的上半身而不是全身的力量。这让他

---

① 6尺4寸约为193厘米。——译者注

的手臂疲劳，无法很好地完成下一个障碍——旋转螺旋梯。他第一次就摔了下来，失去了宝贵的几秒钟。

下一个是德鲁·洛根，另"一匹种马"，五年前他曾在一个下午经历过三次心脏骤停，所以我知道他是一个名副其实的"复活者"。他以2分33秒的成绩完成了淘汰塔挑战，这是个很棒的成绩，只是我注意到，他在做旋转螺旋梯前停下来调整了一下手套，而且在完成之后又停下来做了三次深呼吸，由此损失了几秒钟。不过，2分33秒的时间已经算是破纪录了。那是闪电般的速度。

接下来就轮到我了。看到德鲁的完成时间，我一定是显得有些呆滞，因为另一位教练克里斯·莱恩把我拉到了一边。

"托德，别忘了你是谁。"他说，差点用手指在我的胸口上戳了个洞。"你是托德·无敌·德金。"

"对啊，你说得对。"我说。我的心态现在算是摆正了。

我弹了一下腕带。该上场了。在淘汰塔底部的阴影里，我的眼里只有手头的任务。

能行的。能行的。透过衣服，我感受到了心脏的跳动。我排除了一切杂念，并提醒自己，无论做什么，在塔里都不要停下来。

起跑铃响了，刹那间，周围的一切消失了。我忽然像是又回到了25岁，飞速通过了6个障碍中的第一个——双叉骨袋。然后，不像莱永那样只用上半身发力，而是用全身发力，从一楼上升到了二楼。

我滚动着"压路机"，没有丝毫差错。不知不觉中，已经爬上了3楼的梯子，可怕的旋转螺旋梯正在那里等着我。

我提醒自己，不要像德鲁那样停下来喘口气。

忍着点儿，继续前进。

我跳上螺旋梯，开始穿越20英尺长的旋转盘管。因为我的右肩被撞伤了，所以就把手臂弯曲成90度，头紧贴着梯子。

只一眨眼的工夫，我已经到了梯子的另一边。我落在了平台上，再次提醒自己不要停下来喘气。

继续、继续、继续。不要停下来。

我来到了"捕鼠器"这一关，这需要我手脚并用地爬，并需要在抵达第4层——也就是最后一层——的过程中，把6个沉重的台子用背顶起来。这些台子本来应该是很重的，但当时我就感觉好像爸爸和"锯人"在帮我抬一样。

我到了第4层，也不知道用时多久，只知道自己的身体还在飞速运转。我双腿颤抖着踏上了增强训练塔塔顶，一点儿都没耽搁，立即开始拉绳子，把印有S、T、R、O、N、G[①]字样的圆形积木升到了两层楼柱的顶端。我滑了一跤，不过幸好脚后跟卡在了钢格板上。这反倒让我能借更多的力来拉绳子。一个接一个，每个字母都固定在了它们应该在的位置上，一眨眼的工夫，我就完成了。

我全力以赴，耗尽了体内的最后一丝能量。我躺在钢格板上，真的看到胸口在随着心跳上下振动。刚才，算是一切都押上了。

我的时间够短吗？不确定。无论输赢，这已经就是自己在淘汰

---

① 五个字母连一起是strong，意为强大。——译者注

塔上的最好表现了。

喘了口气后，我听到主持人加比·里斯在叫我的名字。

我走到淘汰塔第四层的侧面，向下看了看离我大约90英尺的地面。主持人正站在所有训练师和学员的旁边，每个人脸上都带着期待的表情。

加比抬头看向我。"托德，这次真是跑得太好啦。德鲁的成绩是2分33秒。这个时长是我们所见过的最好的时间。而你的时间是……"

我周围的一切忽然陷入了慢动作。我仿佛看到了孩子们在早餐桌上的脸，看到梅兰妮吻别我时的笑脸，听到我的好友沃伦的声音说："你会找到方法回去赢得比赛。"我还听到爸爸和锯人的声音："我们能行。"

"你的时间是2分……30秒！"

等一下……我在脑海里盘算着。然后就明白了：2分30秒比2分33秒快。

难道我刚刚打败了德鲁？我是不是复活了？

当然是的！还用说吗？我的时间更短。我兴奋地将两个拳头砸在了一起。但我还没赢。还有一个竞争对手，基·埃文斯。

基已经尽力了，但他遇到了麻烦，没能完成淘汰塔的所有挑战，这意味着我复活了。

加比正式宣布："托德·德金，你复活了。恭喜你，准备好和你的新搭档一起比赛吧。"

我欣喜若狂，不在乎当时已经是凌晨两点了，只记得用尽全力吼道："德拉戈——德拉戈——！"

我当时是在向儿时的英雄洛奇·巴尔博亚致敬，他在《洛奇4》中准备与俄罗斯重量级拳击手伊万·德拉戈交手，当他刚跑上西伯利亚的一座大山时，会振臂高呼。

我自嘲地笑了笑，心想，梅兰妮和孩子们一定不会相信的。

遇见我的新好伙伴

半小时后，我和学员中获胜的那个人配对——布列塔尼·哈雷尔·米勒，她也是个很有故事的人。她二十多岁，是一名七年级数学老师，经历过艰难的生活，但仍然坚强地活着。

布列塔尼在一个破碎的家庭中长大，在读高中时就生了小孩。她在堪萨斯大学数学专业接受大学教育的同时，还得作为单身母亲照顾孩子。她获得了教师资格证，并在初中教授数学，现住在堪萨斯州的劳伦斯。

我喜欢布列塔尼的奋斗历程，并立即与她打成一片。我们一直在赢，而在淘汰塔的那几周里，我们发现了自身的一些额外的特质，那些东西让我们能在比赛中走得更远。

但有些情况是《增强训练》的观众从来没有看到的。节目上的"每一周"实际上是3天：先做一个挑战，第二天又做一个挑战，然后是淘汰塔。一周的每一天我们都在比赛，而每到第三天，我们就又会到"机会塔"里去通关。

我们的体力消耗殆尽，都快撑不住了。但我们一直在赢，一直没被淘汰。每次当我们退无可退时——既是字面的意思也是实际的情况——我们就会露出真本事。

我还记得自己向导演求情："听着，这样太不人道了。我们得好好休息一下。可以休息一天吗？"

导演把胳膊搭在我的肩膀上。"听着，伙计。时间已经来不及了。录制有时间表，必须在感恩节前把节目录完。"

太糟糕了，我没法给他看看"关键点8"，就是关于恢复重要性的那一部分内容，但现在已经骑虎难下了。

情况就是这样。我看到布列塔尼也调整了看待淘汰塔的心态。她说："那我们就继续痛揍对手吧。"实际上，我们就是这么做的。

布列塔尼和我不断地成功通关淘汰塔，就这样进入了《增强训练》的"最后一周"，跟我们竞争的是前达拉斯牛仔队的体能教练本尼·威利和来自明尼苏达州的一位母亲吉尔·梅，她是一位牧师的妻子和4个孩子的母亲。他们这一组合是异常强大的对手，是勇气、经验和正直的结合体。

对他们，我无法产生任何竞争者之间的敌意。他们是虔诚的基督徒，对生活的态度令人赞叹。在《增强训练》的最后一集，本尼和吉尔在第一晚以13秒的优势赢得了障碍赛，打败了我们。他们可以选择获得50000美元或在淘汰塔中减去5秒的时间。但如果在塔中输给了我们，他们就拿不到这笔钱了。在总决赛中，本尼和吉尔选择了减去5秒。这是对我们最大的尊重。

接下来一天，布列塔尼和我进行了一场老式的拔河比赛，然后得把20磅重的壶铃从我们的金字塔顶端转移到他们的金字塔顶端，同时还得在楼梯上来回奔跑。我们赢了拔河比赛和壶铃比赛，加比·里斯给了我们同样的选择：50000美元或在淘汰塔中减去5秒。

选哪个显而易见：我们选择了5秒的时间优势，这意味着我们将与本尼和吉尔在淘汰塔中一决雌雄。在塔中获胜的队伍将获得他们在节目中累积的奖金。本尼和吉尔的是 30万美元。布列塔尼和我的是20万美元。失败的队伍将一无所获。

在决赛的当天下午，我们四个人穿过淘汰塔，这是安全检查的一部分内容。这个塔我已经进去过6次了（在短短10周内），自己对障碍物相当熟悉。不过这一次，制作人员更改了一些障碍设置。比如说，许愿袋被换成了"撞锤"和一堵需要撞倒的墙。我没觉得这个环节设置有什么问题。

但在第二层，一个有四节的楼梯取代了"压路机"。我们必须把每节楼梯推着靠到另一节楼梯上。当我们把前三节楼梯一起推向第四节时，实际上是在一个略微上倾的斜坡上把一个700磅的重物推向第四节楼梯，且必须把这四节楼梯都推得死死地抵住墙，才算通关，以便进入下一关的挑战。

当我看到《增强训练》制作人对障碍物所做的改动后，我知道我们完了。我已经精疲力竭，没有一丝一毫多余的力气了，而在几天前的第八周比赛时，布列塔尼试图通过淘汰塔的挑战时，一块大板子砸在了她的脚上，把她的脚骨挫伤了。为了能够在第九周顺利地在塔里通关，她已经用尽了身体所有的能量，不过，她还远未达到满负荷状态。

"没办法了。"本尼和吉尔以及《增强训练》的那些制作人不在身旁时，我对她说。"要不就这样吧，这也挺好的。"

现在，我知道你们可能在想：托德，你放弃了。

不，实际上，我并没有，布列塔尼也没有。我们都明白，参加《增强训练》是为了达到比自身更伟大的目标：我是为了那些从早上5点辛勤工作到深夜的训练师，他们从未得到过这样的机会；而布列塔尼则是为了她在劳伦斯自由纪念中心中学的学生，她8岁的儿子贾丁以及在向日葵州[1]的所有朋友们。

剧透：700磅重的楼梯那关是我们的败笔，我们以16秒之差输掉了比赛。就像我说的，从一开始我就知道比不过本尼和吉尔，因为我们受伤了，这不丢人。当一切都结束时，我感到完全解脱了。我从来没有只是因为想要赢得高达50万美元的奖金而感到如此振奋。

现在，我可以昂首挺胸地回家，让我精疲力竭的身体恢复一下了。我的体重降到了188磅，看起来就像被虐待狂狱警用棍棒殴打过一样。

---

① 指美国堪萨斯州。——译者注

但我已经向世界展示了自己的内心，以及如何为一个比自身更伟大的目标而拼搏。

8个月后，我带着布列塔尼和贾丁来到圣地亚哥，与我们所有的朋友和同事一起参加2016年6月2日在Fitness Quest 10举行的节目观看派对。我们俩当然都知道《增强训练》的大结局，但从法律上来讲，我们不能向朋友和家人透露结果。尽管美国人都会通过电视知道我们输了，但至少在播放片头时，我们还是赢家。

就像我说的，这从来都不是钱的问题，而是要应对《增强训练》制作人对我们的身体和精神所发出的挑战。我们已经向自己、所在的社区和观众们证明，我们会去拼搏，而且会全情投入。

因为我们活出了值得讲述的人生。

你也可以坚持到底

你来到这个世界的时候，人生就像一本全是空白页的书。到目前为止，你所做的一切都已经记录了下来，但从今天开始，剩下的书页得由你自己来书写。你的人生之书是否有阅读的价值？你现在活出了值得讲述的人生了吗？

如果你在过去的生活中攻坚克难，我不会感到惊讶。也许你的父母在你年轻的时候就离婚了，就像我的父母一样，也许你是像布列塔尼一样的单身父亲或母亲，又或者你在成长的过程中被学校的恶霸欺负过，或在社交媒体上饱受折磨。

也许你在童年或青少年时期受过虐待。我难以想象这些故事有多可怕，谈论甚至回忆它们会有多难。

也许你无忧无虑地度过了青少年时期，但因为没有钱，所以不得不从大学退学。也许你拼命工作拿到了学位，却发现你无法从事心仪的工作来偿还学生贷款。或者你还在努力搞明白自己这辈子该做什么？没关系。我们都是人生的旅人。

或者你最近失业了，在事业上遭遇了挫折。也许你正处于事业转型期，需要"重新开始"。也许你正缺钱，正在想办法摆脱债务的纠缠。或者是一段感情或婚姻出了问题，或你离婚了。

停！

今天是新的一天。不要让任何消极的心思（或者我称之为"垃圾想法"）阻止你实现自己的命运。是时候实现你的人生目标了，就从今天开始。你的未来一片光明，而当你摆正心态后，就可以实现自己认为不可能达成的目标。

几年前，我决定在Fitness Quest 10里赞助一场比赛，并将其命名为"活出值得讲述的人生——你的故事是什么"。我会给分享了最励志故事的人提供1000美元的现金奖励。

我们收到了许许多多的参赛作品，远远超过100份。我读了每个人的故事，对我的客户有了更多的了解。我也注意到，在Fitness Quest 10之外，还有不为我所知的痛苦和逆境。

有一个人写道，她在一次车祸中差点丧命，并经历了几个月艰难的康复治疗。另一个人克服了毒瘾，实现了伟大的抱负。一位父亲描述了在车祸中失去正值青春年华的儿子的情感影响。斯塔夫·沃克是我的一位七十多岁的客户，他说他以前在美国海军陆战队服役，光荣退伍后成为一名城市公交司机。在我们一起健身的这么多年里，他从来没有提过这件事。

我们选了一天晚上，在Fitness Quest 10举行了招待会，我在会上宣布了获奖者——在加州大学圣地亚哥分校工作的蒂姆·卡洛尔。他详述了自己这几年来面临的巨大个人挑战：儿子在伊拉克受伤；妻子在2009年的一次事故中腰部以下瘫痪；弟弟和妹妹患有早发性帕金森症；妹妹患乳腺癌后幸存了下来；还有一个哥哥在2008年去世。他说他很疲惫，但他想变得更健康，让自己感觉更好，而就在这个当口，他遇到了我。他说，我启发他改变了他的心态，但实际上，被改变的人是我。蒂姆·卡洛尔和他的神奇故事不断地激励着我去激励别人。

蒂姆做了一件事，给我留下了非常深刻的印象，他把1000美元的现金奖捐回给我的基金，这真的让我很感动。这就是传递正能量。那个特别的夜晚提醒我，每个人都有故事可以分享，他们的人生故事充满了起伏，胜利和悲剧来回上演。

我想说：我认为每个人都有值得讲述的人生。你可能还没意识到这一点，但你现在就正在写就人生的篇章。

既然我们每天都要书写自己的故事，这就是一份礼物——这一点我们经常会忽略，那就把它写得精彩些。

最后的感想

我会最后一次带你了解一下我在本书中分享的那些关键点：

- 要知道，你的思维方式决定了你的生活和你的建树。
- 直面你的恐惧，克服它们。
- 将运动、营养和恢复作为你的锻炼计划的一部分。
- 认识到建立冠军心态的重要性。

你可以利用所有这些关键点来打造最精彩的人生，实现你神圣的人生目标。

我经常听人们问我："你一年做多少次主题演讲？"

我的回答是："我每天都在给自己做主题演讲。从晨间例行之事开始，包括'静心时分'。我所有的日记、自省和自我对话就像是在给自己做主题演讲。"

我做完晨间例行之事后，就会加满油，元气满满地开始新的一天，因为我已经花时间摆正了自己的心态。这时，我就可以走出家门，与世界分享我的正能量，过完这值得讲述的一天。

你没有理由不能拥有一个出彩的人生。建立良好的习惯，制定规则并执行，总结最佳做法，然后一丝不苟地照着去做。要知道，虽然冰冻三尺非一日之寒，但每天要努力进步1%。告诉你熟悉的人，告诉你的配偶、伴侣、队友、同事或密友，你有了新的生活态度，要摆正心态，让自己的身体、心理和精神重回正轨。

只要你肯这样做，你便会在人生的道路上大踏步地向前进。

而且我预测，你就一定会有些惊艳的人生故事值得分享了。

还有一点：下一次，当你在生活中再面对着似乎令人望而生畏或艰巨的障碍、挑战或状况时，请记住，这是一个让你变得更强、更好的机会，就像淘汰塔给了我机会，让我一直参加《增强训练》。因为你永远比自己想象的要强大。

毕竟，直到万念俱空，心中只剩坚强，你永远不知道自己有多强。

后会有期……摆正心态吧！

致谢

　　梦想越大就越重要。而当你有一个伟大的梦想，并愿意倾注心血成就一个项目的时候，就会有很多人来帮你实现它。《心态至上》是爱的结晶，我万分感谢那些助我成就此书的人。

　　首先，我要感谢我的合作者迈克·约基，与迈克合作绝对是件令人愉快的事，我很欣赏他的智慧、技巧和能力，有了他的帮助，我才能写出这本书。

　　接下来，我要感谢我在Park & Fine文学媒体公司的著作权代理人：莎拉·帕西克、安娜·佩特科维奇和塞莱斯特·费恩，你们是最棒的。你们从一开始就对我充分信任，我还记得我们在做有关本书内容的头脑风暴时，讨论过我需要分享"缺失的那一环"。我很高兴进行了这样的讨论，我期待着在未来的岁月里能和你们一道影响更多的人。

　　我非常感谢贝克图书公司的那些优秀员工。我记得在做完部分膝关节置换手术后仅仅五天，就有几位编辑对我进行了采访。我坐在躺椅上，一边用制冰机给我的膝关节做冰敷，一边分享如何帮助人们摆正心态。换句话说，通过讨论《心态至上》的内容，我摆正了自己的心态！

　　从我手术后的第一次采访，到后来在波特兰会面，以及其后的多次讨论，我很荣幸地与贝克图书公司的团队成员通力合作，首先是雷切尔·雅各布森，还有帕蒂·布林克、艾琳·汉森以及温迪·韦策尔。我希望这次只是我们未来合作的开始。

特别感谢我们的编辑梅雷迪斯·欣兹。每一本伟大的书背后都有一个伟大的编辑，梅雷迪斯对原稿做了非常出色的润色工作。

非常感谢我的团队、客户和Fitness Quest 10的成员，首先是朱莉·威尔科克斯和杰夫·布里斯托尔，感谢你们在我的"写作日"把我赶出健身房，确保我在截止日期前完稿。另外，还要非常感谢拉里·英迪维吉利亚，他帮助我勾勒出了《心态至上》这本书的大纲，并帮我回忆起了很多故事和它们的细节。拉里让我和我们的团队每天在各个层面都变得更好。我也感谢每一个帮助我在"托德·德金影响秀"播客中让人们摆正心态的人：阿梅利安·约翰内斯、杰斯·雅各布森、扎克·斯佩拉佐和凯拉·巴伯。每周，他们都会帮助我创作新的内容，以此来改变人们的生活。

对于我定期指导的所有托德·德金导师成员，我很幸运在我的导师团中拥有一些全球范围内最励志和最具影响力的教练。你们所有的人都激励着我每天变得更好。感谢你们给我这个机会来指导和带领你们。

对于全球每天激励我的所有正心达人们，我想对你们说，你们给我发的所有私信、推特和电子邮件我都读了。是你们每天给我发的这些信息让我受到鼓舞，有动力去实现我的人生目标。谢谢你们，请继续给我发吧！

现在轮到我的家人了，我的妻子梅兰妮对这本书的内容以及每节的内容提出了意见，这些对我的帮助远超预期。我很感谢和庆幸有梅兰妮做我的妻子，也很珍惜她对我的支持和信任。

最后，我要感谢我的孩子们，因为要写这本书，有太多的晚上和周末没法来陪伴他们了。当他们的爸爸试图去改变世界时，卢克、布雷迪和麦肯纳表现出了巨大的爱、支持和耐心。有一个意义深远的目标，这是生命中的一件重要之事，但和孩子们在一起的时光也同样重要。兼顾这两者是最困难的事情。你们每天都在激励着我，我爱你们，永远爱你们。

本书赞誉

"能将托德·德金称为我的挚友、导师和教练我很幸运也很荣幸。他影响了我生命中最重要的领域，我可以向你保证：托德·德金的《心态至上》会让你摆正心态！"

德鲁·布里斯，NFL（美国职业橄榄球大联盟）

新奥尔良圣徒队四分卫

"心态对成为冠军意义重大。挫折、失败和逆境是最终造就冠军的因素。作为一个深知精神力量对赢得人生游戏有多么重要的人，我强烈推荐托德的新书《心态至上》。它一定会帮助你成为生活中的冠军！"

朱莉·埃茨，美国女足国家队队员；

2019年女足世界杯冠军；

2019年美国足球年度最佳女运动员

"我认识托德已经14年了，他无论做什么都能处于最佳状态。他的能量、激情和积极性充满感染力，他是那种能让你变得更好的人。读一读这本书吧！它定将助你在生活中的许多领域获得成功。"

凯文·普朗克，安德玛创始人与前CEO

"托德·德金是世界上最顶尖的体能教练之一。在这本充满力量的书中，他分享了如何像冠军一样去思考以及提高注意力、能量和体能。对于任何想要摆正心态并让人生变得精彩的人来说，这本书都是必读之作。"

乔恩·戈登，畅销书《训练营》（Training camp）
和《木匠》（The Carpenter）的作者

"来自健身行业传奇人物的一流建议。现在你可以读到至关重要的信息，托德曾用这些信息帮助世界级和高水平运动员进入并保持他们的巅峰状态。现在轮到你了！"

JJ·维珍，营养与健身专家；
《纽约时报》畅销书《维珍饮食》的作者

"如果你曾被击倒或正在挣扎，或想改善生活质量，那么《心态至上》就是你的必读之作。它是你的心灵燃料！"

科斯塔斯·吉利奥蒂斯，Nassau金融集团
联合创始人、首席运营官、总顾问

"我相信，要想在你从事的领域达到世界顶尖级水平，就需要时刻保持良好的心态。托德·德金和《心态至上》这本书无疑会使你成为最好的自己。我非常喜欢这本书里的原则、策略和具体方法，它

们能帮你成为自己思想的主宰。"

博·埃森，演员、剧作家、前NFL安全卫

"托德对生活的热情是显而易见的。我认识他20年了，他是一个有信仰的人，目标明确，他就像注射了肾上腺素那样充满能量。我喜欢在这本书中的描述，我知道这本书会触动你的思想和灵魂。"

迈尔斯·麦克弗森，磐石教会主任牧师；

《第三种选择》（*The Third Opinion*）的作者

"要在NFL取得成功，很大一部分靠的是精神力量和身体素质。过去几年里，托德·德金帮我在身体和精神上做好准备，达到了最佳状态。如果你想'摆正心态'，请读读这本书。托德能帮助我为NFL的生活做好准备，他也能帮你做最佳状态的自己！"

扎克·埃茨，NFL费城老鹰队全明星队边锋

"托德·德金真正知道什么是正确的身心状态。他长期以来一直在帮助世界上最优秀的运动员、高管和高绩效人士取得伟大的成就。这本书分享了他的顶级原则和秘密，你现在也可以用这些原则和秘密对生活产生最大的影响！"

乔尔·马里恩，BioTrust营养公司首席执行官；

畅销书作家、演讲家、"天生影响家"播客主持人

"过去4年里，我一直依靠托德·德金为我的赛季做身体和心理上的准备。无论你的年龄或职业，没人能比托德更好地帮助你让自己的事业更上一层楼。"

戈登·泰特，NFL全明星队外接手；纽约巨人队

"我15年的美国职棒大联盟（MLB）生涯中，有10年是和托德·德金一起训练的。我和他一起工作的一个原因是，他总是把我逼到生理极限。但我与他合作的另一个重要原因是，他向我灌输了一种冠军和胜利的心态，这种心态也对我的比赛和生活带来了影响。我很荣幸能称他为朋友，他的工作至今仍在极大地影响着我。读读这本书吧，因为无论你是运动员、高管、父母，还是只想功成名就，它都会让你受益匪浅。"

克里斯·杨，MLB棒球运营公司副总裁；

前MLB投手

"十多年来，托德·德金一直是我的训练师、教练、导师和朋友。他是我在NFL坚持了15年的关键之一。他的能量、积极性和心态使他成为最特别的一个教练。读一读《心态至上》吧，托德一定会帮你一把，就像他帮我一样。"

戴伦·斯普罗尔斯，拥有15年

职业生涯的NFL全明星队跑卫

"托德不仅是世界上最伟大的力量教练，也是这个星球上改造身体与心态最成功的人士。要成为冠军，需要的不仅仅是身体条件——还得有正确的思想。托德有一个诀窍，他无与伦比的智慧、知识、能量和心态，能帮助客户和运动员达到他们的个人目标。托德极大地影响了我的生活，他也会影响你的生活。读读这本书吧！"

迈克尔·钱德勒，三届综合格斗（MMA）轻量级世界冠军

"我给你讲个简单的道理。在我的NFL生涯开始时，我受了两次重伤导致自己的赛季终止。我当时在寻找一个可以改变我心态并帮助我恢复的人，为即将到来的赛季做准备。这时候托德·德金出现了。他是这一行中最擅长让你"摆正心态"的人。这就是为什么我每年都会从佛罗里达飞到加州和他一起训练。读了这本书，他也会对你施展他的心理魔法！"

杰拉尔德·麦考伊，六届NFL全明星队防守截锋

"托德·德金完美诠释了如何让意志驾驭身体，他是真正的心态战士。我有幸认识托德三十多年，并在大学时与他做队友。托德一生始终如一地践行《心态至上》中的方法。这种心态是他骨子里的。他向职业运动员、健身教练、企业高管以及所有希望最大限度地发挥自己人生影响力的人宣讲这些原则。作为一名财务顾问，我看到了自己客户的成功与《心态至上》的基本信条之间干

丝万缕的联系。"

汤姆·德克斯特，

联邦战略咨询公司的创始人和管理合伙人

"很少有人能做到既能激励人心，又能改造人生。托德·德金是一种自然的力量。他令人难以置信的能量、精神和智慧不仅会激励你，他的作品还将帮助你最终实现从知道该做什么到实际去做的飞跃。我鼎力推荐托德的作品。"

马斯汀·基普，畅销书《索取你的力量》

（*Claim Your Power*）的作者；

功能性生活指导的创始人

"我认识托德已经11年了，这些年我一直跟着他训练。我每年都会来圣地亚哥，不仅是为了训练身体，也是为了摆正心态，以便迎接即将到来的赛季。我从来没有遇到过像他这样的人，他真的是唯一一个知道如何让我进入状态的人！"

彻思·丹尼尔，11年的NFL老牌四分卫

"托德·德金是让你'摆正心态'的大师。我认识他10年了，送无数运动员到他那里训练，我听他讲的一切。他天赋异禀，他的这本书将影响一大批人。读这本书吧，我知道它会让你摆正心态……然后大杀四方！"

凯利·马斯特斯，NFL经纪人；

KMM体育公司创始人

"托德是一位大师级的老师和激励者，他不仅能促成积极的改变，还能让你摆正心态来应付混乱的生活和承担领导责任。他的教导能改变生活，他的话语发人深省，他的能量具有感染力。没人能像托德一样激励和改变生命。他会让你摆正心态——不管你是谁，也不管你身处何种境地。"

布拉德·德瑟，畅销书《领导的清晰度》

（Leading Clarity）的作者；

德瑟管理咨询公司总裁

"我永远不会忘记托德给我发来的这段疯狂的视频，他在做膝盖置换手术当天穿着一件灰色连帽衫，让我'摆正心态'。我很荣幸不仅能被写入这本书中，还能帮助他身体恢复得更强壮，让他能继续做他擅长的事情。"

乔·简科维奇，医学博士，夏普医疗公司骨科医生

"作为一名功能医学博士，我重视你一生的健康。为了健康一个人要做的最重要的一件事便是寻求知识并实际运用那些最好的自我关照之法。如果你想提升思想水平、身体素质和生活质量，在托德的

书中就能找到很多这样的方法。书里提供了合理的科学知识与心态策略，能让你在生活中茁壮成长，表现出色。"

莫娜·埃扎特·维林诺夫，家庭医学委员会（ABFM）成员；

美国综合整体医学委员会（ABIHM）成员；

功能医学医生资格认证（IFMCP）医师；

综合和功能医学家庭医生